中国评价事业发展研究

基于科学计量学的视角

汤建民◎著

科学出版社
北京

内 容 简 介

评价是管理的基础，没有科学的评价就不可能有科学的管理，评价事业在推进我国各项现代化事业繁荣发展中起着极为重要的作用。对我国评价事业的发展状况开展评价研究既可以为我国相关管理部门和工作者提供决策参考信息，也可以促进评价学界的自我反思。

本书构建了我国评价事业发展研究的科学计量分析框架，基于对论文、学术图书、课题、政策等的大规模数据分析，揭示了我国评价事业的发展历程、发展态势及发展规律，梳理并总结了我国评价事业已经取得的显著成绩和还存在的一些问题，并提出了推动我国评价事业进一步发展的策略。

本书适合对科学学、科学计量学、评价学、评价科学等领域感兴趣的读者阅读。

图书在版编目（CIP）数据

中国评价事业发展研究：基于科学计量学的视角/汤建民著. —北京：科学出版社，2021.10

ISBN 978-7-03-069632-8

Ⅰ. ①中… Ⅱ. ①汤… Ⅲ. ①评价-科学研究事业-研究-中国 Ⅳ. ①G322

中国版本图书馆 CIP 数据核字（2021）第 176136 号

责任编辑：朱丽娜　黄雪雯 / 责任校对：王晓茜
责任印制：李　彤 / 封面设计：润一文化

科学出版社 出版
北京东黄城根北街 16 号
邮政编码：100717
http://www.sciencep.com
北京建宏印刷有限公司 印刷
科学出版社发行　各地新华书店经销
*
2021 年 10 月第　一　版　开本：720 × 1000　B5
2021 年 10 月第一次印刷　印张：12 1/4
字数：205 000

定价：89.00 元

（如有印装质量问题，我社负责调换）

前　言

评价是管理的基础，没有科学的评价就不可能有科学的管理，显然，评价事业在推进我国各项现代化事业繁荣发展中起着极为重要的作用。遗憾的是，虽然目前关于评价的相关研究成果已不少，但学界对评价事业自身发展的研究却极为薄弱，出现了一种“灯下黑”的现象。尤其是我国评价事业的地位、作用、发展历程、发展现状、发展趋势、发展规律、目前存在的主要问题，进一步推动其发展的对策等具有整体性、综合性和复杂性，需要理论与实践相结合才可能解决好的问题，更是处于比较模糊的状态。为此，我希望从整体性的视角出发，主要应用科学计量学的方法，对我国评价事业的发展历程、发展现状、发展态势以及发展规律等进行一次比较系统的探索性归纳、分析和总结，并在此基础上为我国相关管理部门和工作者提供一些决策参考信息，同时也促进评价学界的自我反思，以进一步推动我国评价事业的全面发展。

评价是一种极为复杂的人类活动。从发展历史看，评价的历史源远流长；从覆盖范围看，评价几乎涉及各行业、各学科、各领域，只要是人类关注的对象，无论是人、财、物或是某个事件，都是评价的对象；从研究成果看，评价有多种类型，既包括理论层面的各种研究成果，如各种关于评价原理、评价方法、评价标准、评价缺陷等的研究，也包括实践层面的各种研究成果，如中国大学和学科专业评价报告、环境影响评价报告、新药评价报告、城市竞争力评价报告等；从组成要素看，评价又包括评价队伍的培育与管理、评价研究成果的撰写与发布、评价类学术期刊的创办、评价信息数据库的建设、评价类研究课题的组织、评价政策法规的供给等各方面的工作。有鉴于此，本书主要应用科学计量学方法，从整体性的视角，通过采集多种数据库来源的数据，包括中国知网期刊论文数据库、中国知网学位论文数据库、中国国家图书馆图书目录数据库、国家社科基金项目数据库、国家自然科学基金管理信息系统、北大法律信息网法规数据库等，进行了比较系统化的计量与评价研究，包括文献数量统计、作者统计、机构统计、篇名主题词或关键词统计等，绘制了一系列科学知识图谱。在此基础上，归纳总结了我国评价事业在研究成果数量、高产作者、高产机构、研究主题、评价分支学科、评价课题立项、评价政策法规的颁布等方面的一些发展特征、发展态势和发展规律，最后对如何推进我国评价事业的进一步发展提出了若干策略。

本书的内容除了第一章和第十章外，主要分为以下三部分。

第一部分包括第二章。该部分主要包括六个方面的内容，分别是评价及评价事业等概念的界定、哲学中的价值理论和认识理论、系统科学理论、评价学理论、科学计量学理论和评价事业发展研究的基本框架构建。

第二部分包括第三章至第八章。该部分基于各类数据的计量与分析，分别对中国知网期刊论文数据库、中国知网学位论文数据库、中国国家图书馆图书目录数据库、国家社科基金项目数据库、国家自然科学基金管理信息系统和北大法律信息网法规数据库中的评价类数据进行了数据采集、整理、计算与分析，着重围绕我国评价事业在研究成果产出数量、研究队伍、研究主题、分支学科、课题立项、政策法规供给等方面所呈现出来的发展特征、发展趋势和发展规律进行了计量分析。

第三部分包括第九章。该部分首先对第二部分各章研究结论进行了进一步的归纳和提炼，总结了我国评价事业发展中已经取得的成绩和还存在的一些问题，在此基础上提出了推进我国评价事业进一步发展的策略。

本书的创新点主要体现在以下几方面。

第一，在理论上构建了我国评价事业发展研究的科学计量分析框架。本书在对评价事业的内容进行分析的基础上，结合科学计量学方法的特征，把评价事业的发展研究分解为评价研究成果产出数量的发展分析、评价研究队伍的发展分析、评价研究主题的发展分析、评价分支学科的发展分析、评价课题立项情况的发展分析、评价政策文件颁布情况的发展分析等六个维度，来解析我国评价事业的发展。

第二，在研究内容上利用定量与定性相结合的方法，基于论文、学术图书、课题、政策等的大规模数据分析，深入揭示了我国评价事业的发展历程、发展态势及演变发展规律。从研究成果产出数量的增长看，发现其符合普赖斯指数增长定律；从作者数量的增长看，发现其符合多项式函数规律，整体呈扁平的S形增长趋势；从专业化评价机构的数量看，发现目前其整体数量还很有限；从学科领域看，发现主要集中在环境评价、资产评价、项目评价、教育评价、药物评价、安全评价、绩效评价等方面；从评价方法看，发现使用定量方法的倾向越来越明显；从评价对象看，发现整体呈现出分立化、多元化、复杂化、规模化、专业化的发展趋势。

第三，在应用上梳理总结了我国评价事业已经取得的成绩和还存在的一些问题，包括：基本理论研究还不足；评价研究队伍中专攻型作者的比例还较小；发展比较成熟的评价分支学科还不多；评价研究中的碎片化倾向还比较严重。在此基础上提出了推动我国评价事业进一步发展的若干策略，包括：加强评价领域的元理论研究；加快构建评价学、评价科学的学科知识体系；创办评价领域的学术期刊；推动更多成熟的评价分支学科进入国家高等教育招生专业目录；鼓励和扶持专业化评价机构的发展；借鉴管理科学等相邻、相近、相似学科的发展经验；进一步重视评价政策法规的供给。

值得说明的是，本书是在我的博士学位论文的基础上修改与完善而成的，因此，书中采集的数据一般是截至2017年7月底的数据，书中所用的“目前”也是指2017年。原考虑在出版之际对原来的数据做一些补充，但是在真正着手改动时，发现原文的数据、结构、结论是高度一体的。换言之，一个当时就费尽心力完成的文本，事实上就已经有了它自己的生命，现在要去做改动，就会破坏它原本的韵味。因此，除了对个别地方做了一些补充或删减外，本书基本上保持了原来文本的模样。

在本书出版之际，首先，我要衷心感谢我的导师邱均平教授在学术上对我的精心指导和帮助，本书的写作主题也正是出自他的建议。其次，我要感谢在读博期间给予我热心指导和帮助的武汉大学的各位老师和同学，感谢我读博前所在工作单位——浙江树人大学的各位同事对我的支持和帮助！感谢我读博期间给予我各种支持和帮助的各位前辈、同行和朋友！同时也要感谢科学出版社朱丽娜编辑的热情支持和辛勤付出！最后，我要深深地感谢无私地爱我和支持我的家人！因为没有家人对我的包容、理解和支持，我就难以下决心也难以安心地脱产读博！他们为我付出了太多，我将永远铭记在心。

中国评价事业的发展源远流长，而未来的征途将更加波澜壮阔，特别是在一个面临百年未有之大变局的大发展时代，需要研究的内容实在是很多很多，而本书的内容只是从一个很窄的视角探究了一些局部问题，加上时间有限，难免存在不足和遗憾，敬请各位专家、学者及同人多多交流和批评指正。

汤建民

2021年7月

目　　录

前言

第一章　绪论…………1

1.1　中国评价事业发展研究的背景与意义…………2
1.2　国内外研究现状与述评…………8
1.3　本书的研究目标、研究路线与研究方法…………23

第二章　中国评价事业发展研究的理论基础…………29

2.1　核心概念的界定…………30
2.2　哲学中的价值理论和认识理论…………34
2.3　系统科学理论…………38
2.4　评价学理论…………42
2.5　科学计量学相关理论…………45
2.6　我国评价事业发展研究的基本框架构建…………51

第三章　评价研究成果产出数量的发展分析…………53

3.1　数据来源和研究方法…………54
3.2　基于期刊论文产出数量的计量分析…………55
3.3　基于学位论文产出数量的计量分析…………59
3.4　基于学术图书产出数量的计量分析…………61
3.5　本章结论…………64

第四章　评价研究队伍的发展分析…………67

4.1　数据来源和研究方法…………68
4.2　核心期刊论文作者的计量分析…………69

4.3 核心期刊论文作者所在机构的计量分析……75
4.4 核心期刊论文合著情况的计量分析……83
4.5 本章结论……91

第五章 评价研究主题的发展分析……93

5.1 基于期刊论文数据的评价研究主题计量分析……94
5.2 基于学术图书数据的评价研究主题计量分析……120
5.3 本章结论……126

第六章 评价分支学科的发展分析……129

6.1 数据来源和研究方法……130
6.2 元研究类成果的计量分析……131
6.3 本章结论……139

第七章 评价课题立项情况的发展分析……141

7.1 数据来源和研究方法……142
7.2 基于国家社会科学基金课题数据的计量分析……143
7.3 基于国家自然科学基金课题数据的计量分析……151
7.4 本章结论……155

第八章 评价政策文件颁布情况的发展分析……157

8.1 数据来源和研究方法……158
8.2 评价政策文件颁布情况的计量分析……159
8.3 本章结论……163

第九章 推动我国评价事业进一步发展的策略……167

9.1 我国评价事业发展已经取得的成绩……168
9.2 我国评价事业发展中还存在的一些问题……170
9.3 进一步推进我国评价事业发展的策略……173

第十章 总结与展望……179

10.1 主要研究结论……181
10.2 本书研究的不足与展望……185

第一章
绪　论

当前，我国各项现代化建设事业已经站在一个新的历史起点上，评价在现代社会中所占据的地位将越来越重要，系统化地抓好评价这一工作是推动我国各领域改革建设的一种高屋建瓴之举、普适长效之道和先人一步之策。因此，现在已有必要提出“评价事业”这一全新概念，已有必要对我国“评价事业”的发展现状做出比较系统的定量描绘，已有必要大力呼吁加快发展新时代的评价事业，以便为全面科学地促进我国各领域评价水平的提升、系统化地启动我国评价科学的学科化建设、不失时机地在具有国际优势的领域谋划发展我国的评价产业，提供新的思维框架、理论视野和数据基础。

本章首先介绍本书的研究背景和研究意义，然后简要评述国内外研究现状，最后阐述研究目标、研究路线和研究方法。

1.1 中国评价事业发展研究的背景与意义

评价是人类的基本活动之一，可以说，凡是有人类活动的地方，就一定有评价活动的产生。因为人是一种能够自觉地追寻意义并创造价值的存在，而人对意义和价值的追寻与创造是以他们对所追寻的意义和价值的认知与评价为前提的。不言而喻，人类活动作为对象性的活动、有目的的活动、有中介的活动，规定了主体的选择在活动中具有十分重要的地位和作用，同时也规定了评价的地位和作用。因为选择是评价的外化，选择的必然性、必要性和重要性同时也是评价的必然性、必要性和重要性。①当然，虽然评价自古就在人类活动中占有重要地位，但其重要程度和复杂程度随着现代社会的加速发展而呈现出了与以往时代不一样的加速度发展趋势和新的时代特征。显然，评价在推进我国各项现代化事业繁荣发展中起着极为重要的作用。

遗憾的是，虽然目前关于评价的各种具体研究成果已不少，但学界对我国评价事业自身发展的评价研究却极为薄弱，尤其是将我国评价事业作为一个整体，去全面地分析其发展现状、总结其发展态势及发展规律、探寻进一步推动其发展的对策等方面，学界尚无系统性的研究成果问世。为此，本书探讨了“中国评价事业发展研究：基于科学计量学的视角”这一选题，希望能从科学计量学的视角，归纳总结出我国评价事业发展过程中的一些特征、趋势和规律，为我国有关管理部门和各行业或各学科领域的相关工作者的决策提供一些参考信息，同时也促进评价学界的自我反思，以进一步推动我国评价事业的全面发展。

---

① 马俊峰. 评价活动论[M]. 北京：中国人民大学出版社，1994：10.

1.1.1 研究背景

（1）评价事业在我国现代化建设中处于极其重要的地位

评价就其本质来说，既是人的一种活动方式，又是渗透在各种评价活动之中的一个环节，还是弥漫于各种活动之各个环节中的、具有定位定向功能的一种要素。[①]尤其在当代社会，人与人之间的紧密程度已经达到了一种高度社会化、系统化和一体化的程度，分工合作几乎渗透于任何一个组织中，也几乎渗透于任何一项行动中。因此，评价作为一种“定标准、立规矩、树导向”的工作[②]，自然就成为管理这种组织系统的一个基础，由此也体现出了它对于管理的重要性。就像武汉大学邱均平教授所说的“没有科学的评价就不可能有科学的管理”[③]，显然，评价在推进我国各项现代化事业繁荣发展中起着极为重要的作用。因此，加强对我国评价事业自身的研究，厘清其发展现状、探寻其发展规律、预测其发展趋势、梳理其存在的主要问题，以及提出进一步推动其发展的策略等，对推动我国各项现代化建设事业的发展都具有重要的理论价值和现实意义。

（2）评价研究成果的急剧增长迫切需要对其进行计量分析

随着近年来我国市场经济体制的完善、人民群众对提高生活品质需求的增长、高等教育和科学研究事业的繁荣以及国家对第三方评价机构的重视等各种宏观、微观环境的变化，不同评价领域的研究成果，包括学术期刊上的研究论文、硕博士学位论文、面向全社会发布的各种评价研究报告和排行榜、图书专著的数量都急剧增长。据笔者对中国知网期刊论文数据库的统计，仅 2016 年发表的期刊论文篇名中包含“评价”一词的论文数量就达到了 38 165 篇（检索时间为 2017 年 6 月 23 日）。因此，有必要采用定量化方法与工具和可视化知识图谱方法等对我国的评价研究成果产出情况，包括分行业或分学科领域分布、主要作者分布、重要研究机构分布、研究主题分布以及上述各方面的发展态势等进行研究，以揭示其现状，洞察其趋势，总结其成就，探讨推动其发展的策

① 马俊峰. 评价活动论[M]. 北京：中国人民大学出版社，1994：113.
② 陈艳风. 定标准 立规矩 树导向[N]. 中国社会科学报，2015-01-14（A05）.
③ 张其瑶. 没有科学评价就没有科学管理[J]. 评价与管理，2004，（4）：62-63.

略和途径。

（3）评价领域存在的一些负面影响也迫切需要对其进行更全面和深入的研究

评价工作一般都具有交叉性、综合性、挑战性等特点，越是复杂的评价就越需要政策导向、制度安排、日常管理、理论方法、工具技术等的介入，但目前社会各领域中的大量评价活动仍是在临时的、经验的和主观的思想指导下进行的。有些复杂性的评价工作，虽然有一定的理论指导，但受各种主客观因素的限制和各种环境条件的制约，经常会出现一些不当或不尽如人意的地方，甚至还在社会中产生了很大的负面影响。例如，学术评价领域广泛使用的量化评价方法，学界就对此褒贬不一。持基本肯定态度的人认为，量化评价方法是有其合理性的，如果不实行量化评价，就会加大评价过程中的主观性、随意性，进而造成评价工作的失范。[①②]而持基本否定态度的人认为，目前的量化评价方法会毁了学术，特别是人文社会科学。[③]比如，刘明就认为“量化评价的流行必将催生出大量无意义、低质量的学术次品、废品，筛选出大量智力快感型和追逐功利型的学术人”[④]。又如，2017年1月，2017—2018年度CSSCI[⑤]来源期刊目录公布，《武汉大学学报（人文科学版）》《同济大学学报（哲社版）》均被挤出，《武汉大学学报》迅即以编辑部名义向投稿作者致信通报情况，而《同济大学学报》主编孙周兴教授则在个人博客上发表声明，以自我检讨的名义，揭露了一些期刊为保住C刊位子所采取的种种不堪手段，一时引起学界的广泛关注。[⑥⑦]但同时也有学者认为，“现在CSSCI引发的很多问题，其实板子很难打在CSSCI身上”[⑧]。总之，一方面离不开评价，另一方面又经常被评价所伤，如何更多地发挥评价的正向作用，减少其负面影响，一直是管理方和被管理方

① 孙浩，王海鸥. 论建立社会科学成果评价指标体系[J]. 河北师范大学学报（哲学社会科学版），1998，（2）：139-144.

② 高四维. 人文社科学术评价机制备受抨击[N]. 中国青年报，2014-01-17（001）.

③ 王浩斌. 社会转型期的学术生产方式与学术评价——以期刊影响因子为中心[J]. 南京大学学报（哲学·人文科学·社会科学版），2014，51（2）：76-81.

④ 刘明. 学术评价制度批判[M]. 武汉：长江文艺出版社，2006：48-55.

⑤ 中文社会科学引文索引（Chinese social sciences citation index，CSSCI），简称C刊。

⑥ 郑晋鸣. “C刊”变“C扩”一石激起千层浪[N]. 光明日报，2017-01-21（008）.

⑦ 樊丽萍. 期刊市场“游戏规则”，不服从就降级？[N]. 文汇报，2017-01-20（007）.

⑧ 王天定. 不尊重学术规律，学术期刊难言公正[N]. 新京报，2017-01-20（A03）.

所追求的，但要解决这些问题，在某种程度上都迫切需要对我国评价事业本身进行更全面和深入的研究，以期能够对评价实践起到更好的指导作用。

（4）数据库技术和计量学方法的发展为对评价事业开展计量与评价研究提供了基础

“工欲善其事，必先利其器。”科学研究离不开方法和工具的支撑。对于计量类研究来说，能否比较全面地获取数据和是否有比较完善的计量方法是决定其研究能否成功的关键。对于本研究来说，这两个条件都已比较成熟。一方面，我国已经建设了像中国知网这样的大型文献数据库，而且该数据库的功能越来越完善；同时，政府部门网站上的各类信息公开得也越来越及时、全面和透明。另一方面，科学计量学的理论、方法和工具越来越完善，各种评价方法、评价指数、评价模型等越来越多，如 H 指数①②、g 指数③④等，并已被广泛地应用到各领域的评价研究中。最近几年迅速崛起的社会网络分析工具和方法、新兴的可视化工具软件，如 NetDraw、Pajek、CiteSpace 等的出现，更是为计量与评价研究增添了新的力量，使得我们可以更全面、更有效地对我国评价事业的发展进行更加系统的计量、评价和分析。

1.1.2 研究意义

（1）有助于丰富我国评价领域的元理论研究

评价是一项极其重要的工作，也是一项广泛分布于社会各行业各领域的工作。虽然我国的各行业各领域都已开展了大量评价活动，并发表了大量相关论文和评价报告，但这些论文和报告绝大多数是针对各个具体行业和领域的，其中比较多的是环境影响领域的评价、医药卫生领域的评价、经济领域的评价和科教领域的评价等，而且大多数研究者并不属于专攻型学者，没有将评价研究

---

① Hirsch J E. An index to quantify an individual's scientific research output[J]. Proceedings of the National Academy of Sciences of the United States of America, 2005, 105(46): 16569-16572.

② Jin B. H-index: An evaluation indicator proposed by scientist[J]. Science Focus, 2006, 1(1): 8-9.

③ Egghe L. An improvement of the H-index: The G-index[J]. ISSI Newsletter, 2006, 2(1): 8-9.

④ Egghe L. Theory and practise of the g-index[J]. Scientometrics, 2006, 69(1): 131-152.

作为自己学术研究的长期阵地，因此，这些具体研究一般都不具有跨学科、跨领域的普适性。有关共性问题的研究，即带有普遍性、一般性、基础性问题的研究，如对评价科学知识体系的构建研究、我国评价事业的整体发展现状和发展趋势研究、如何有效推进我国评价事业健康快速发展的策略研究等，还都非常缺少。元理论研究的不足，导致学科意义上的评价学或评价科学始终很难独立地凸显和成长起来，学科共识很难达成，从而为各类评价实践活动提供理论指导的作用也未能有效地发挥出来。因此，本书开展的我国评价事业发展研究显然有助于丰富我国评价领域的元理论研究，进而有利于发挥对实践的指导作用。

（2）有助于加强对我国评价事业整体发展状况的全面掌握

评价是人类社会的基本活动之一，且其在推动各行各业发展中起到的重要作用也早已成为社会的共识。但遗憾的是，虽然人类社会的评价活动是和人类社会的发展同步的，各行各业或简单或复杂的评价活动每天都在进行着，我们每个人也时时地在评价他人或是被他人评价，但人类对评价活动自身开展的评价研究却要晚得多，特别是对我国评价事业的整体发展状况、发展态势、发展规律等尚缺乏全面、系统、深入的研究，以致我国的整个评价事业仍处于比较粗放的浅发展阶段，距离集约化的深耕发展阶段还有相当长的路要走。基于此，本书提出开展基于科学计量学视角的我国评价事业发展研究，主要研究内容就是以我国评价事业的整体作为研究对象，应用科学计量学的方法，包括词频统计法、共现分析法和知识图谱法等，对我国评价研究成果的数量变化发展情况、主要作者分布情况、重要研究机构分布情况、研究主题分布及演变发展情况、评价分支学科的成长情况、评价课题的立项情况、评价政策法规的颁布情况等进行计量研究，进而梳理其发展过程，展示其总体图景，总结其发展特征，把握其发展态势，辨析其发展潜力，探讨其发展对策。显然，这是一项主要从科学学、科学计量学视角出发，对我国评价事业发展状况、发展态势、发展规律等进行评价的研究，也是一项评价之评价的研究，它将有助于我们加强对我国评价事业整体发展状况、发展态势、发展规律的全面掌握，继而为有关管理部门加强和改善我国评价事业的管理提供理论指导和决策依据。

（3）有助于进一步推动评价科学知识体系的构建

考虑到目前评价学科已经演化成为一个包含环境影响评价学、矿产资源评价学、药物评价学、教育评价学、安全评价学等多门分支学科的学科群的事实，笔者认为现在已到了以“评价科学”来统称这些学科的时候，而且也已有必要从科学学、科学学科学、科学体系学的高度，对评价科学的整体学科知识体系进行比较系统的探讨和梳理。而本书将要开展的评价事业发展研究，其中的一个研究内容即探寻评价分支学科的成长规律。这项工作的完成，显然有利于帮助我们更加清晰地把握评价科学和评价事业的内部组成结构，更加准确地寻找其薄弱环节或是更有针对性地找到评价科学和评价事业地图上的空白区，以促进评价事业实现其发展的“默顿效应”，即由于信念和行为之间的反馈，预言直接或间接地促成了自己的实现。[①]所谓“预则立”也包含这种意思。《交叉科学结构论》一书的作者王续琨等则将这种现象归纳总结为一种推动学科发展的有效机制，将其命名为“预设建构机制”。[②]

（4）有助于为建立具有我国特色的评价事业提出更有效的建议

本书拟通过对来自多个数据库的大规模样本数据的计量研究，分别从不同的角度对我国评价事业在各个不同历史阶段的发展状况、发展特征、发展规律、最新进展情况等进行揭示和分析，并站在整体性的视角，探寻其演变发展态势，最后提出进一步推动我国评价事业发展的若干建议。对评价事业发展现状、发展态势和发展规律等的揭示，显然有助于提高我们预测我国评价事业发展方向的能力，有助于提高我们理解新的评价现象发生原因的能力，有助于提高我们合理指导评价事业使之更加有序健康推进的能力。因此，相比于以往研究大多是基于某一行业或某一学科领域的一般性讨论，本书的研究将更具全面性、客观性、系统性和科学性，能够为建立和发展具有我国特色的评价事业提出更有效的参考信息和决策依据。

---

① 王飞跃，王晓，王帅. 知识自动化：智能产业的基础与关键[J]. 张江科技评论，2017（1）：35-38.
② 王续琨等. 交叉科学结构论[M]. 北京：人民出版社，2015：392-393.

1.2 国内外研究现状与述评

1.2.1 国外的研究现状分析

为了了解国外的相关研究现状，笔者以收录较全、数据量较大的 Web of Science、Springer 和 Elsewier 数据库以及一些著名的评价机构网站为检索平台进行了文献检索，发现国际上的评价研究比较多地集中在科技评价、环境影响评价、教育评价等学科领域，而且绝大多数是比较具体的评价研究，几乎检索不到直接以“评价事业”“评价学”“评价科学”等为研究主题的文献。笔者认为，之所以出现这种情况，一方面可能是因为评价往往是和具体的评价主体、评价对象、评价目的等联系在一起的；另一方面可能是因为国外一般没有“评价事业”这种提法，而是将评价作为一种活动。

考虑到具体的评价活动极为广泛，几乎涉及各领域，要全面论述几乎无可能，而且和本书的研究目标，即“我国评价事业发展研究”，也不在同一个等级层面上，因此，笔者主要从宏观的角度重点围绕国外在科技评价、教育评价、环境影响评价等领域的发展历程和研究现状进行一些简要介绍。

（1）科技评价领域的研究进展

科技评价工作在美国等发达国家一直受到很高的重视，起步较早，相对来说，在评价体系及组织制度方面也都比国内完善一些，发展得也比较快。比如，早在 1914 年，美国国会图书馆就成立了专为国会、委员会及议员提供研究咨询服务的立法咨询服务部（Legislative Reference Service，LRS），负责对委员会及议员提出的科技方面的问题进行研究、分析、调查和评价，这也成为最早的科技评价雏形。[①]

国外的科技评价工作之所以能够得到较快发展，一方面得益于政府的持续推动及立法支持，如 1976 年美国国会通过了《国家科技政策、组织和重点法》，1993 年通过了《政府绩效与结果法案》（Government Performance and Results Act，GPRA）；法国于 1985 年颁布的第 85-1376 号法令，从法律上确立了科技评价的地位；日本于 1986 年颁布了《科学技术政策大纲》；韩国于 1991 年颁布了《科学技术振兴法》；等等。另一方面则得益于科技评价方面的学术研究成果越来越多。比如，许多国际学术期刊，如 *Scientometrics*、*Research Technology Management*、*Management Science*、*Research Policy*、*R&D Management* 等均发表了很多关于科技评价方面的论文，提出了一些很有影响的评价指标、评价方法、评价模型、评价理论等，如影响因子（impact factor，IF）[②]、H 指数、替代计量学（altmetrics）等。

从近年来的国际发展趋势看，笔者认为，一方面是应用定量方法来研究科技评价问题仍然占据主流，但另一方面是学界对在科技评价中滥用影响因子等指标的问题提出了更多的质疑。例如，2012 年，美国科学促进会等 75 家科研机构和 150 多位知名科学家就共同签署了《旧金山科研评估宣言》（San Francisco Declaration on Research Assessment，DORA），呼吁科学界停止使用期刊影响因子来评价个人绩效。[③]另外，Hicks 等学者则提出需要用十项原则来规范科研评估，这就是《文献计量学：科研评价十原则莱顿宣言》，其主要内容包括：定量评价应支持定性评价；根据机构、团队和个人的研究任务评价其成果；保护本土研究；保证数据采集与分析过程的公开、透明和简便；允许被评价者核查数据和评价分析过程；区别对待不同研究领域和学科的论文在发表与引用上的差异；以定性评价为基础评价个人科研成果；避免不恰当的具体和错误性的精确；认清评价指标对科学研究的系统影响；对评价指标进行定期核

① 美国国会研究部：议员的思想库[EB/OL]. http://www.rdyj.com.cn/inc/ShowArticle asp?artid=395&catid=22[2017-07-27].

② Garfield E. Citation analysis a tool in journal evaluation[J]. Science, 1972, 178(4060): 471-479.

③ American Society for Cell Biology. San Francisco Declaration on Research Assessment[EB/OL]. http://am.ascb.org/dora/[2017-07-07].

查与更新。[①]

国外的科技评价实践内容非常丰富，几乎涉及各大领域，如期刊评价、作者评价、大学评价、科研机构评价等。如就大学评价领域来说，目前影响较大的世界大学排名体系主要有《美国新闻与世界报道》（US News & World Report，USNWR）的全球最佳大学排名、英国的泰晤士高等教育（Times Higher Education，THE）的世界大学排名、QS 世界大学排名（QS World University Rankings）、荷兰的莱顿大学世界排名等。

（2）教育评价领域的研究进展

教育评价的特殊性，使其成为世界各国开展得比较多的一项活动，而且相对来说，美国又是教育评价开展得比较早、比较好的国家，因此，下面的介绍主要以美国的教育评价为主。

美国的教育评价从心理测量占统治地位的测量时代发展而来，因此，美国教育评价的知识基础主要建立在教育学、统计学、心理学和行为科学等学科知识之上。概括而言，20 世纪以来，美国教育评价研究主要经历了三个时代，即以测量理论的形成和测验技术的大量运用为标志的测量时代、以凭测验结果做出相关描述为特征的描述时代和以将价值判断作为评价理论为主要特色的判断时代。[②]

美国教育评价研究的一个特点是在研究方法上对基于模型的定量化评价非常重视。其中使用比较多的有罗殊模型（Rasch model）和 5-因素模型（5-factor model）等。罗殊模型由丹麦数学家乔治·罗殊（Georg Rasch）于 1953 年提出，是一种可以分析分类数据的心理计量模型。5-因素模型是由戈德堡（Goldberg）于 1981 年提出的，是一种用来描述人格特征的心理学模型，其中的五个心理因素分别指神经质、外倾性、经验开放性、宜人性和责任心。[③]

---

① Hicks D, Wouters P, Waltman L, et al. Bibliometrics: The leiden manifesto for research metrics[J]. Nature, 2015, 520: 429-431.

② 埃贡·G. 古贝，伊冯娜·S. 林肯. 第四代评估[M]. 秦霖，等译. 北京：中国人民大学出版社，2008：1-6.

③ Goldberg L R. An alternative “description of personality”: The big-five factor structure[J]. Journal of Personality & Social Psychology, 1990, 59(6): 1216-1229.

在研究理论层面，邱均平和欧玉芳认为，21 世纪美国教育评价主要集中在以下三大理论上，即经典测试理论（classical test theory，CTT）、概化理论（generalizability theory，GT）及项目反应理论（item response theory，IRT）。①经典测试理论经过长期的发展，已经较为成熟，但是仍有其自身无法克服的缺陷，而概化理论和项目反应理论则是为克服经典测试理论的缺陷而发展起来的两个新理论，尽管仍在发展与完善之中，但已经显示出很强的生命力，尤其是项目反应理论，已成为 21 世纪美国教育评价的主流理论。

就近年发表的教育评价研究论文来说，其中的一个热点话题是对量化评价和质性评价这两种教育评价方法的讨论，如 Watts 等通过对 24 项采用质性评价方法开展教育评价的文献的分析发现，主题编码和扎根理论是应用最为广泛的研究方法。②另外，Lumino 等的一项研究则指出，新公共管理思想、测量技术以及全球教育三股力量已使高等教育评价向“计算性”和“工具性”转变，而这种转变也带来了一些潜在危险，如“合约化”（contractualisation）、非政治化（depoliticisation）和伪造（fabrication）等③，这一观点值得关注。

（3）环境影响评价领域的研究进展

环境问题是人类面临的共性问题，因此，各国开展环境影响评价活动也比较早、比较普遍。美国于 1969 年通过了《国家环境政策法》，在世界上第一次正式提出了环境影响评价（environmental impact assessment，EIA）的概念。但就国际范围而言，广泛地展开环境影响评价大致起始于 20 世纪 80 年代。1983 年，著名环境经济学家 Maynard M. Hufschmidt 和 John Dixon 合著了《环境、资源与开发：经济评价指南》《环境的经济评价方法——实例研究手册》，首次比较系统地介绍了环境影响评价的理论与方法。1993 年，环境经济学家 A.迈里

① 邱均平，欧玉芳. 美国教育评价研究的知识基础与热点——基于 2000—2014 年 8 种 SSCI 期刊的可视化分析[J]. 中国地质大学学报（社会科学版），2016，16（2）：142-149.

② Watts L, Todd E, Mulhearn T, et al. Qualitative evaluation methods in ethics education:Asystematic review and analysis of best practices[J]. Accountability in Research: Policies & Quality Assurance, 2017, (7): 225-242.

③ Lumino R, Gambardella D, Grimaldi E. The evaluation turn in the higher education system: Lessons from Italy[J]. Journal of Educational Administration and History, 2017, (2): 87-107.

克·弗里曼（A.M.Freeman）出版了《环境与资源价值评估——理论与方法》，介绍了对环境与资源进行价值评估的经济理论基础。1994 年，J.A.迪克逊等出版的《环境影响的经济分析》，则进一步阐述了环境经济评价的理论和方法。

就环境影响评价理论的整体发展历程来说，如果将 20 世纪 80 年代形成的环境影响评价理论称为“传统环境影响评价理论”的话，那么目前则已进入“第二代环境影响评价理论体系”，即“战略环境影响评价体系”，该理论主要由 Lee 和 Walsh、Wood 和 Dejeddour 及 Therival 和 Wilson 等几位学者提出。

在国外，早期的环境影响评价研究一般都比较重视评估模型的建立和应用，如 2000 年，Trevisan 等以意大利 Cremona 省为例，采用非点源农业危险指数（nonpoint-source agricultural hazard index，NPSA-HI）和地理信息系统（geographic information system，GIS）技术评价了农业行为对城市环境的影响。[①]2001 年，Cherp 以中东欧、中亚部分国家为例，运用系统分析的方法对这些国家和地区的生态环境保护及评价的理念、方法进行了比较研究。[②]2001 年，Matthew 等应用生态足迹法对美国的一些大城市生态系统模型进行了比较，在此基础上总结了影响城市生态系统发展的几个重要因素。[③]

从 2007—2017 年的研究情况来看，环境影响评价的视角已经有了很大扩展，相关问题的研究也呈现出定量化、多元化的发展趋势，研究的主题已经非常丰富。例如，Mortberg 等以瑞典的斯德哥尔摩为例，运用 GIS 技术和生态决策支持系统（expert decision support systems，EDSS）方法，分析了城市化对生物多样性的影响，建立了相应的评价指标体系和定量分析模型。[④]2009 年，Vatn 从制度架构的角度分析了环境影响评价的方法问题，从社会理性、传播沟通、

---

① Trevisan M, Padovani L, Capri E. Nonpoint-Source agricultural hazard index: A case study of the province of Cremona, Italy[J]. Environmental Management, 2000, 26 (5): 577-584.

② Cherp A. Environmental assessment in countries in transition: Evolution in a changing context[J]. Journal of Environmental Management, 2001, 62(4): 357-374.

③ Matthew A, Luck G, Jendrdtte D. The urban funnel model and the spatially heterogeneous ecological foot print[J]. Ecosystems, 2001, 4(8): 782-796.

④ Mortberg U M, Balfors B, Knol WC. Landscape ecological assessment: A tool for integrating biodiversity issues in strategic environmental assessment and planning[J]. Journal of Environmental Management, 2007, 82: 457-470.

法律机制等角度提出了构建评价方法的可能性，认为应制度化地进行环境影响评价方法的选择。[①]2009 年，Richardson 和 Loomis 又运用权变估值方法（contingent valuation method）分析了美国珍稀濒危野生动物的经济学价值。[②]2010 年，Gallaway 等综合运用远程传感数据和来自世界银行的经济数据分析了全球光污染的经济学因素，指出光污染在美国已造成每年增加 70 亿美元的成本，而人口和国内生产总值（gross domestic product，GDP）已成为导致光污染的两个最重要因素。[③]2013 年，Chen 等则讨论了环境可持续发展的评价指标问题。[④]

1.2.2 国内的研究状况分析

为了掌握国内学界的相关研究进展，笔者从多个角度对中国知网期刊论文数据库、中国知网学位论文数据库、万方数据知识服务平台、维普资讯中文期刊服务平台、中国国家图书馆图书目录数据库等进行了广泛检索，发现目前国内学界对我国评价事业自身的研究还极为薄弱，表现为不仅没有以“评价事业的发展研究”等为题直接开展的研究，而且连相近的文献也很少。比如，在这些数据库中，笔者以“评价事业”作为检索词在篇名和图书名中进行检索，只检索到 2 篇文献（检索时间为 2017 年 6 月）。其中一篇文献中使用的“评价事业”一词和本书所使用的“评价事业”一词的含义基本一致，即《重运用 重操作 重实效 不忘初心 愿助力各级绩效评价事业发展——写在〈“三段九步”法：绩效评价实务操作指引〉出版之际》[⑤]；另外一篇文献是《湖南浩美安全环保科

---

① Vatn A. An institutional analysis of methods for environmental appraisal[J]. Ecological Economics, 2009, 68: 2207-2215.

② Richardson L, Loomis J. The total economic value of threatened, endangered and rare species :An updated meta-analysis[J]. Ecological Economics, 2009, 68: 1535-1548.

③ Gallaway T, Olsen R N, Mitchell D M. The economics of global light pollution[J]. Ecological Economics, 2010, 69(3): 658-665.

④ Chen H S, Chien L H, Hsieh T. A study of assessment indicators for environmental sustainable development of science parks in Taiwan[J]. Environmental Monitoring and Assessment. 2013, 185(8): 7001-7012.

⑤ 曹邑平. 重运用 重操作 重实效 不忘初心 愿助力各级绩效评价事业发展——写在《“三段九步”法：绩效评价实务操作指引》出版之际[J]. 山西财税，2017，（7）：38-39 .

技有限公司——安全评价事业部简介》[①]，该文献虽然篇名中含有“评价事业”这四个字，但其含义却和本书无关，因为在这篇文献中，“评价事业”这四个字的组成结构是“安全评价+事业部”，而不是“评价事业”。

为此，根据本书的研究目标，笔者又设计了扩展检索的方法，以便能够检索到更多的相关资料。基本思路是将检索目标的重点转变为检索论文篇名结构与“××评价的××”“××评价研究的××”“××评价学的××”“××评价报告的××”“××评价论”等类似的相关研究文献上。在对检索出的相关文献进行仔细阅读和梳理的基础上，笔者发现和本书研究主题有关的研究成果主要有两类：第一类是从一般意义层面出发对评价或评价学等相关内容的直接研究，包括对评价的概念、地位、作用、分类、过程、方法等的研究，其研究成果具有一般指导意义；第二类是在某个具体领域内对评价进展状况进一步开展分析的相关研究，包括对相关评价研究的进展分析、回顾和展望分析、计量分析等。

（1）从一般意义层面进行的评价研究

评价是人把握客体对人的意义、价值的一种观念性活动。[②]它渗透于人类生活的各个层面和各个环节中。评价的存在虽然与人类存在的历史一样久远，但一般认为直到19世纪末20世纪初价值论才成为继本体论、认识论之后哲学研究中又一个颇为重要的组成部分，而评价作为认识价值的一种观念性活动之后，评价自身才作为研究对象进入比较系统的学术研究视野之中。[③]

在我国，超越具体的行业或学科领域特性，将评价作为直接的研究对象进行一般意义层面上的研究，并且取得比较系统的研究成果的，基本上来自哲学领域，特别是从价值哲学层面对评价进行的研究。比较主要的研究有以下几项。

马俊峰于1994年出版了《评价活动论》，这是我国第一本评价论专著。该书以评价活动为研究对象，运用心理学、系统论等研究方法，论述了评价的发

① 佚名．湖南浩美安全环保科技有限公司——安全评价事业部简介[J]．湖南安全与防灾，2008，（2）：64.

② 冯平．评价论[M]．北京：东方出版社，1995：1.

③ 冯平．评价论[M]．北京：东方出版社，1995：11-25.

生和历史发展、本质、特征、类型和结构，分析了评价活动过程的诸环节以及制约评价的因素和评价失当的表现，并探讨了评价事业化的问题。

冯平于 1995 年出版的《评价论》一书，则主要从个体心理和社会交往两个层面具体地论述了评价活动的逻辑进程、结构和本质，分析了情感、意志在评价中的作用，建构了一个比较系统的评价活动心理运作机制。

张理海于 1999 年出版的《社会评价论》一书，以社会评价为研究对象，论述了社会评价的历史发展过程及其演变，社会评价的本质和结构系统，社会评价的标准和运行过程，社会评价的主要维度以及社会评价的客观性、合理性等问题。

在评价论研究领域，出版研究成果比较多的是陈新汉教授。1995 年，他出版了《评价论导论——认识论的一个新领域》一书，揭示了评价活动的两个主要环节，即“主体选择需要以作为评价标准”和“主体整合价值信息以形成意义”。1997 年，他又出版了《社会评价论——社会群体为主体的评价活动思考》一书，该书详细研究了群体作为评价主体何以可能的问题。之后，他又在 2004 年出版了《民众评价论》，2006 年出版了《权威评价论》，2011 年出版了《自我评价论》等著作。

除了陈新汉教授外，取得比较系统性的研究成果的还有邱均平和文庭孝等。2010 年，邱均平等出版了《评价学：理论 · 方法 · 实践》一书，该书从评价理论、评价方法和评价实践三个方面系统研究了科学评价问题，是国内第一部从科学理论的高度和学科建设的角度进行研究和撰著的评价学专著。马海群认为，该书的学术价值主要体现为：以科学学为指导，集成现有的评价学论著成果，为我们初步构建了一个从基本理论到方法论的、较为完整的、一般性的评价学架构和学科体系结构。其特色表现在三方面：一是体系完整；二是理论与方法创新；三是实践性强。从评价学学科发展现状看，该书堪称我国评价学理论与学科建设的集成与奠基之作。①

（2）在某个具体领域内对评价进展状况进一步开展分析的相关研究

除了上述将评价作为直接研究对象进行一般意义层面上的研究外，更多的

---

① 马海群. 评价学的开创与奠基之作——评《评价学：理论 · 方法 · 实践》[J]. 图书情报知识，2011，（4）：122-126.

研究是对某个具体领域的评价研究状况进行的分析类研究。在我国，评价活动开展得比较多、相关评价研究成果也比较丰富的是环境影响评价领域、教育评价领域、医药卫生评价领域、学术评价领域等。相应地，这些领域的“评价之评价研究”也开展得较多，因此和本书要开展的“我国评价事业发展研究”有较密切的关联，等级层面上的距离也相对比较近。

1）环境影响评价领域的相关研究。环境影响评价是近年来备受国人关注的一个话题。钱丽艳等于2014年发表的《浅议PM2.5监测及评价研究的新进展》一文就很好地回应了公众在这方面的知识需求。该文对近年来国内外关于PM2.5的检测方法，监测网点的建设，PM2.5对人类健康、大气环境以及气候的影响等进行了分析，对其评价标准进行了对比，并提出了相应的对策建议。①

鉴于湿地生态环境影响评价的重要性以及我国目前所处的困境，王容等于2015年发表的《湿地生态环境影响评价研究的进展》一文重点探讨了湿地生态环境影响评价中的重难点问题，论述了建立适宜于湿地资源开发环境影响评价的生态监测体系的重要性和急迫性，并提出了相应的对策。②

朱歆莹讨论了环境影响评价实践方面的一些问题。虽然《中华人民共和国环境影响评价法》规定，环境影响评价必须客观、公开、公正。但是现实中对环境影响评价工作的各类考核，主要是围绕行政审批的要求进行的。因此该文认为，必须高度重视将环境影响评价技术评估本身应坚持的客观性和公正性原则与环境影响技术评估的服务原则很好地结合起来，否则环境影响评价技术评估的警报功能和参谋功能很可能就会失去。③

徐韬则梳理并总结了我国环境影响评价的发展历程及其发展方向等。④

2）教育评价领域的相关研究。教育领域开展的评价研究相对来说也比较多。其中，王海英基于对1986—2016年研究生教育质量评价研究领域的137篇文献的考察，对我国研究生教育质量评价研究的现状、特征及展望进行了梳

---

① 钱丽艳，王剑敏，何宇凡．浅议PM2.5监测及评价研究的新进展[J]．云南科技管理，2014，27（3）：54-55.

② 王容，袁婷，张亚．湿地生态环境影响评价研究的进展[J]．青海环境，2015，25（4）：187-190.

③ 朱歆莹．论环境影响评价报告的行政化倾向[J]．三峡环境与生态，2010，32（2）：60-62.

④ 徐韬．我国环境影响评价的发展历程及其发展方向[J]．法制与社会，2009，（16）：326-327.

理和归纳，发现研究生教育质量的评价主体从原初的政府、社会和高校“各自为政”转向多元主体的合作；评价方法上，自我评价法与外部同行评价法相结合，且越来越强调在实际评价中二者之间的互补；另外，评价指标的类型化与专业化日益突出，但相应的研究主要为理论设计，完善的实证建构较为缺乏。因此该文提出，未来的研究与实践应注重运用实证研究方法，建立科学有效的评价指标，逐步形成多元参与、协商式、发展式的评价体系。①

李兴国于2016年发表了《2002—2014年我国大学评价研究文献计量分析——基于17家高等教育中文核心期刊的发文统计》一文，该文基于17家高等教育中文核心期刊在2002—2014年的发文数据，对我国大学评价研究文献进行了计量分析。该文关注的问题主要包括五个方面：论文数量与年度分布；来源期刊、机构与地区分布；基金论文分布；作者特征分析；研究主题、研究范式与研究视角分析。得出的结论是：大学评价研究成果的数量近年来比较平稳，论文来源期刊、机构与地区分布较不均衡，国家级基金是论文资助的主要来源，大学评价研究尚未形成核心作者群体，论文主题分布较为分散，研究方法仍以定性研究为主。②

柴艳妹和李珍珍于2016年发表的《国内网络学习评价研究的可视化分析：现状、热点与前沿》一文使用了可视化的方法。该文选取2002—2015年中国知网数据库收录的相关文献，并利用CiteSpaceⅢ软件分析了该研究领域的整体状况、存在的问题以及未来发展趋势。③

谢思诗和李颖的《学生学业质量评价研究的回顾与展望》一文则对我国基础教育阶段学生学业质量评价研究状况进行了回顾与展望，认为学生学业质量评价研究的主要内容应包括学业质量评价内涵的研究、价值的研究、评价标准的研究、评价存在问题的研究和改进策略的研究等五个方面。我国学业质量评

---

① 王海英. 研究生教育质量评价研究的现状、特征及展望——基于对1986—2016年研究文献的述评[J]. 研究生教育研究，2016，（6）：67-72.

② 李兴国. 2002—2014年我国大学评价研究文献计量分析——基于17家高等教育中文核心期刊的发文统计[J]. 黑龙江高教研究，2016，（6）：16-19.

③ 柴艳妹，李珍珍. 国内网络学习评价研究的可视化分析：现状、热点与前沿[J]. 现代教育科学，2016，（7）：121-126.

价研究已经取得了丰硕的成果，但是依然存在概念不清晰、研究视角缺乏多元化和研究方法单一等问题，今后需要优化整合研究的价值取向，拓宽研究视角，综合运用多种研究方法，拓展、深化研究内容，并加强研究主体的多样化和专业化，以促进学业质量评价研究向纵深方向发展。①

近年来发表的类似文献主要还有：李玉明于2014年发表在《江苏教育研究》上的《试析我国中等职业学校教学评价研究的特点》；董慧君于2015年发表在《黄河之声》上的《关于音乐教学评价研究的文献综述》；周靖毅于2015年发表在《教育测量与评价（理论版）》上的《教育质量评价研究的新进展》；等等。显然，上述这些论文都是就我国教育评价的某一个方面进行的再评价式研究，其形式为回顾、反思、梳理、总结、展望、审思、综述、评析等。

3）医药卫生评价领域的相关研究。在医药卫生评价领域，近年来的相关研究主要有：伍红艳和田彩林对2009—2013年国内专业学术期刊上发表的1127篇药物经济学评价文献进行的计量分析。该研究发现，我国的药物经济学评价文献数量每年均稳步增加，但大多数文献仍为成本—效果分析，存在包括研究单位类型单一、未能明确表明作者利益冲突、样本代表性不强、对照方案的选择标准不明晰、成本测算不尽合理、结果表达不准确、不确定性分析缺失等问题。为此建议应该由多个部门及组织来共同参与药物经济学评价指南的修订与发布，从各个层面对药物经济学研究进行规范和完善。②

方煜等也对国内药物利用评价研究进行了文献计量学分析，以期推动我国药物利用评价研究的规范开展。该研究对检索得到的样本文献进行了药物或疾病、样本数、数据来源、研究机构、评价项目、结果等方面的文献计量学统计和分析。得出的总体结论是：目前我国药物利用评价（drug utilization evaluation，DUE）研究数量较少，评价组织尚不完善，无专门评价标准，评价过程不规范。因此建议制定规范的DUE程序，尽快发布相应的临床指导原则，建立通行的评

① 谢思诗，李颖. 学生学业质量评价研究的回顾与展望[J]. 教育导刊，2015，（9）：79-84.

② 伍红艳，田彩林. 基于文献计量分析看国内药物经济学评价研究的现状及发展[J]. 中国药房，2015，26（17）：2305-2307.

价标准，并鼓励各级医疗卫生机构开展 DUE 研究。①

其他相关研究成果还有：刘保延于 2010 年发表在《中国科学基金》上的《中医临床疗效评价研究的现状与展望》；李丛煌等于 2010 年发表在《北京中医药》上的《中医治疗恶性肿瘤疗效评价研究的现状及思考》；张剑等于 2011 年发表在《中国医院管理》上的《对公立医院岗位绩效评价研究的几点思考》；陈焕芬和尚少梅于 2012 年发表在《中华护理教育》上的《护理专业本科学生临床实习质量评价研究的现状及展望》；代涛于 2013 年发表在《中国卫生政策研究》上的《卫生体系改革评价研究的进展与实践》；等等。

4）学术评价领域的相关研究。学术评价无疑是当前学界的一个热门话题，因为它不仅包含的内容众多，如人员评价、机构评价、图书评价、论文评价、课题评价、期刊评价、成果评价等，而且几乎关系到学界的每个人。为此，近年来，《中国社会科学报》《光明日报》《中国教育报》等一些重要报刊甚至还设立了相关专题进行了系列讨论，《清华大学学报（哲学社会科学版）》《南京大学学报（哲学·人文科学·社会科学版）》《重庆大学学报（社会科学版）》《云梦学刊》等也设立了相关专栏，用于专门发表学术评价方面的相关论文。

整体而言，当前我国关于学术评价的相关研究探讨面较广，既有按评价对象进行的相关讨论，也有按评价原则、评价方法、评价标准等不同重点开展的相关讨论。但就讨论焦点以及属于评价之评价这个层次的论文而言，其议题主要集中在产生学术评价乱象的根源讨论、治理学术评价问题的相关对策和措施建议等方面。

张耀铭于 2015 年发表的《学术评价存在的问题、成因及其治理》一文认为，造成学术评价乱象的根源很多，主要有官本位意识导致学术资源分配不公，“一刀切”的量化评价方法导致学术成果数量增加而质量下降，“评价标准的异化”导致学术评价机构的公信力下降，此外还有不合理的科研体制，等等。要治理学术评价的乱象，需要立破并举、多管齐下、统筹协调、优化整合。一是要建立学术评价机构的准入制度和退出机制；二是要加强学术评价回避制度和监督机制的建设；三是要规范并完善同行评价制度；四是要终结“以刊评文”的量

① 方煜，胡明，陈麒骏，等. 国内药物利用评价研究的文献计量学分析[J]. 中国药房，2014，25（44）：4135-4139.

化评价机制；五是要建立独立、客观、民主的学术评价机构。[①]

叶继元和袁曦临也探讨了目前我国学术评价中存在的问题，他们认为存在的问题主要有评价主体不明、评价标准界定不清、学术批评氛围不浓等。同时也提出了相应的建议，包括：进一步夯实学术评价的基础性工作，建立与完善各种与学术评价有关的数据库；进一步加强学术评价理论研究，修正和完善现有的评价机制；进一步加强学术管理中与学术评价有关的制度建设，如同行评议、申诉、复议等制度。[②]

刘尧的《中国学术评价改革的困境与出路》一文也主要讨论了上述问题，他认为，中国学术评价正面临严峻的改革困境，主要表现为数量化、功利化、工具化等。那么中国学术评价又该如何攻坚克难呢？其“药方”应该是：首先，完善学术评价制度，加大制度执行的力度；其次，探索更科学的学术评价方式，充分发挥学术评价的引领作用；最后，中国学者要努力摆脱功利主义的束缚，自觉成为追求真理的人，为学以道、行之以真，为学术发展尽心尽力。[③]

其他类似的相关成果还有不少，如杨建林等从材料申报与送审机制、专家审查与选择机制、评价方式科学化机制、评价社会化机制、监督与公示机制五个方面对我国现有学术评价机制的缺陷进行的分析[④]；周春雷对现行学术评价体系的不足与根源的分析[⑤]；姜春林对我国学术评价研究成效、问题与治理体系建设策略的分析[⑥]；还有时间上再稍早一点儿的刘明对学术评价制度的批评等[⑦]。概括而言，笔者认为，近年来关于学术评价的研究，其数量确已不少，但离解决问题还有一定距离，这一方面固然是由问题自身的复杂性决定的，另一方面学界开展这方面问题的研究方式也值得注意，因为在目前的学术评价研究中，过

① 张耀铭. 学术评价存在的问题、成因及其治理[J]. 清华大学学报（哲学社会科学版），2015，30（6）：73-88，190-191.

② 叶继元，袁曦临. 中国学术评价的反思与展望[J]. 中国社会科学评价，2015，（1）：65-77，129.

③ 刘尧. 中国学术评价改革的困境与出路[J]. 上海教育评估研究，2014，3（4）：40-44.

④ 杨建林，朱惠，邓三鸿，等. 我国现有学术评价机制的缺陷分析[J]. 情报理论与实践，2012，35（6）：1-6.

⑤ 周春雷. 试论现行学术评价体系的不足与根源[J]. 图书情报知识，2011，（2）：83-89.

⑥ 姜春林. 学术评价：研究成效、问题与治理体系建设[J]. 西南民族大学学报（人文社科版），2016，37（5）：230-234.

⑦ 刘明. 学术评价制度批评[M]. 武汉：长江文艺出版社，2006.

于思辨和过于经验主义的倾向都比较明显，而这就影响了共识理论的形成。

此外，除了上述重点评述的四个学科领域外，企业评价、政府评价及其他评价领域也出现了一些对已有评价研究进行回顾、总结、反思性的研究，如聂兴凯等于2010年发表在《财务与会计（理论版）》上的《我国上市公司内部控制自我评价报告的披露现状与政策建议》，蒋东升于2010年发表在《体育文化导刊》上的《我国体育测量与评价学科发展回顾与展望》等，在此不再对其内容展开详细论述。

1.2.3　存在的问题

从上文论述可知，虽然目前尚查不到以"我国评价事业发展研究"等类似题目为题的研究成果，也查不到针对我国评价研究成果进行整体性计量分析的相关研究，但是如果从评价问题的相关研究来说，那么相关的研究成果已有一些。综观目前国内外的已有研究，对照本书的研究目标，可以发现目前存在的问题主要表现在以下几个方面。

1）从研究对象和研究范围来说，目前大多数的评价研究都是针对某一具体行业、某一具体学科或某一具体对象的研究，如针对教育领域的评价研究、针对环境领域的评价研究、针对科研领域的评价研究、针对药物领域的评价研究等。超越具体领域，直接以评价活动、评价学、评价科学、评价事业等相关问题为研究对象，对其进行一般性、基础性、整体性研究的成果还很少。

2）超越具体领域，直接对评价相关问题等进行一般性、基础性、整体性研究的成果中，基本上是从哲学视角出发的研究，尤其是从价值论、认识论视角出发的研究，目前还鲜见从其他视角开展的相关研究。从哲学视角开展的研究的主要贡献是有利于我们辨析其概念，理清其逻辑，认识其价值，但其局限性也同时客观存在，即这类研究和评价实践的具体需求之间尚有较大差距，也不能替代对评价领域一般性、基础性、共同性问题的研究。

3）针对具体领域的评价研究和从哲学视角出发的评价研究之间，以及针对各种具体领域的评价研究之间，几乎没有任何对话和交流，相互之间对对方都知之甚少，没有形成学术共同体，致使各领域的评价研究都限制在自己的狭窄范围内，这显然不利于知识的交流、共享和集成，不利于评价事业整体知识地图的形成和发展。贝尔纳在其经典名著《科学的社会功能》中指出，“不同学科互不通气”的后果是，不仅让科学在最需要发展的地带——各门公认的学科之间的中间地带——被卡住了，导致即使有了科学发展，也无法乘胜追击，而且耽误了各学科内部的技术发展。[①]因此，随着研究的深入，既有由一般的评价研究向具体领域的评价研究发展的必要，也有由具体领域的评价研究向一般的评价研究发展的必要，还有推动各种具体领域评价研究之间的相互交流和渗透的必要。而要有效地实现这种双向或多向的发展，加深对评价事业整体发展图景的认识则是前提和基础，也是最有效的实现方式。

4）在我国已有的对某个具体领域内的评价进行进一步分析的研究，即评价之评价的研究中，一般都是使用计量学的方法，直接就论文数量、作者分布、机构分布、研究主题分布等进行统计分析，并得出相应结论。在该类研究中，不仅普遍存在着研究领域较为狭窄、研究目标直接单一以及数据样本量往往较小等问题，而且以该领域评价研究的整体发展态势、发展规律等作为主要研究目标的文献也很少见。

5）评价事业在推进我国各项现代化建设事业中发挥着极为重要的作用，但学界在直接针对我国评价事业自身发展的相关研究方面还极为薄弱，不仅没有系统化的研究成果面世，而且对评价学、评价事业的整体发展状况，我国评价事业的发展态势，评价事业在发展过程中的规律性特征，主要还存在哪些问题以及应该怎样进一步推动我国评价事业发展等这样一些比较具有全局性、综合性问题的关注也还很不够。

显然，目前的研究现状已无法很好地适应当今国家和社会发展对评价事业提出的新需要。随着时代的发展、技术的进步，人类社会的创造能力也达到了前所未有的高度，也使得人类选择的可能性范围越来越大，而选择的可能性范围越大，评价在人类活动中的作用就越重要，否则人类在享受到新的物质财富的同时，也一定会深受其带来的负面灾难的困扰，如生态危机、恐怖主义、网

① J. D. 贝尔纳. 科学的社会功能[M]. 陈体芳，译. 桂林：广西师范大学出版社，2003：140-141.

络诈骗等。鉴于上述思考，笔者选择了“中国评价事业发展研究：基于科学计量学的视角”作为本书的主题，希望能够运用科学计量学的方法，通过对我国评价事业研究的整体发展状况进行多角度的计量与评价，从中探寻我国评价事业的整体发展历程、发展现状、发展态势以及发展过程中的一些规律性结论，并希望能在此基础上为推动我国评价事业在新时期下实现健康快速发展提出一些有价值的建议。

1.3 本书的研究目标、研究路线与研究方法

1.3.1 研究目标

本书的研究对象是我国评价事业的发展，但是很显然，评价事业的发展研究是一个很大的课题，不仅包括的内容众多，而且和研究视角、研究方法的选取，研究数据的获取难易程度等密切相关，是一项富有挑战性的任务。

鉴于本书选取的科学计量学视角和我国在各种数据库建设方面的发展程度，本书把主要研究目标限定于：在借鉴和吸收前人研究的基础上，以科学计量学为主要方法和指标，通过对期刊论文数据、硕博士学位论文数据、图书目录数据、评价课题立项数据、政策法规类数据等的计量分析来研究我国评价事业的发展。具体包括评价研究成果产出数量的发展分析、评价研究队伍的发展分析、评价研究主题的发展分析、评价分支学科的发展分析、评价课题立项情况的发展分析、评价政策文件颁布情况的发展分析等，并在此基础上提出进一步推进我国评价事业发展的若干对策。

1.3.2 研究路线

鉴于本书的研究目标是要探寻和揭示我国评价事业的发展问题，而要达到

这个目标，就要从研究我国的评价事业是怎样发展的这一问题着手，因为如果科学地回答了这一问题，事实上就形成了对我国评价事业发展相关问题的正确认识。当然，这也决定了本书的研究必须是一项理论与实证相结合的研究。

为此，本书将按照基本概念—理论基础—规律探索—应用对策研究的研究路线，主要应用统计归纳方法对我国评价事业的发展现状、发展趋势和发展规律等进行计量分析，从中归纳总结出对我国评价事业发展过程中的一些规律性认识，并在此基础上提出进一步推动我国评价事业发展的对策。

本书共分 10 章，整体的研究思路见图 1-1。

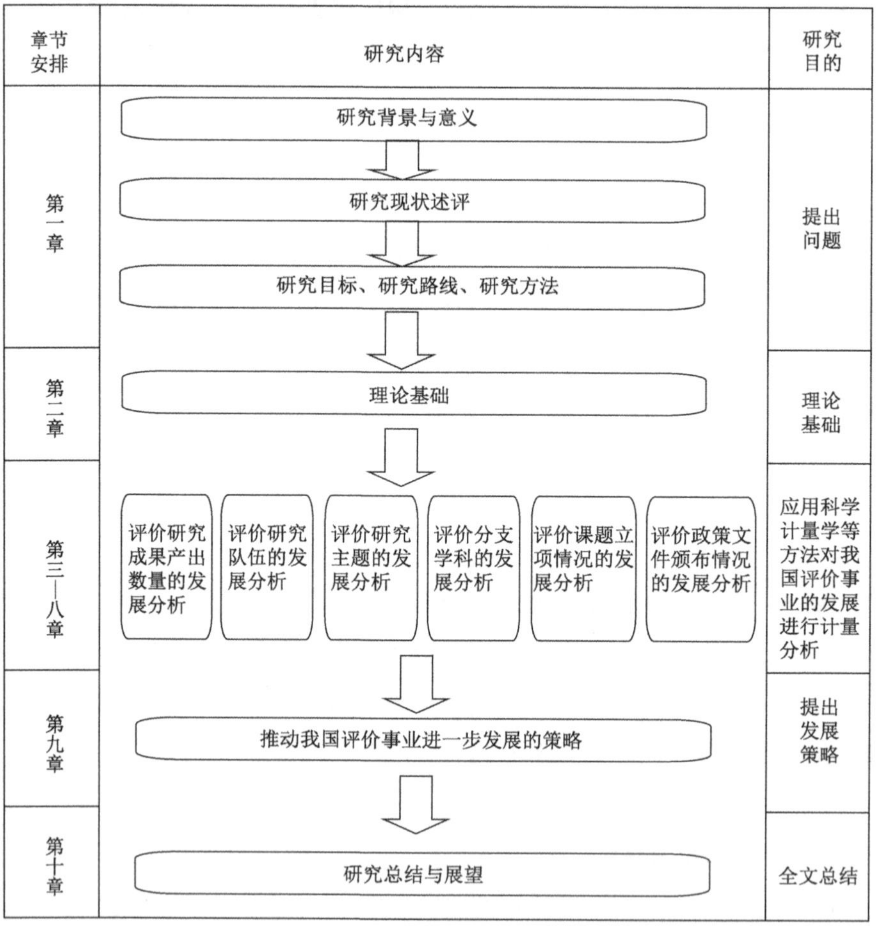

图 1-1　本书的整体研究思路图

本书的具体内容如下：

第一章：绪论。该章主要包括三部分，分别是中国评价事业发展研究的背景与意义；国内外研究现状与述评；本书的研究目标、研究路线与研究方法。

第二章：中国评价事业发展研究的理论基础。该章主要包括六部分内容：核心概念的界定；哲学中的价值理论和认识理论；系统科学理论；评价学理论；科学计量学相关理论和我国评价事业发展研究的基本框架构建。

第三章：评价研究成果产出数量的发展分析。该章包括五部分内容：数据来源和研究方法；基于期刊论文产出数量的计量分析；基于学位论文产出数量的计量分析；基于学术图书产出数量的计量分析；本章结论。

第四章：评价研究队伍的发展分析。该章包括五部分内容：数据来源和研究方法；核心期刊论文作者的计量分析；核心期刊论文作者所在机构的计量分析；核心期刊论文合著情况的计量分析；本章结论。

第五章：评价研究主题的发展分析。该章包括三部分内容：基于期刊论文数据的评价研究主题计量分析；基于学术图书数据的评价研究主题计量分析；本章结论。

第六章：评价分支学科的发展分析。该章包括三部分内容：数据来源和研究方法；元研究类成果的计量分析；本章结论。

第七章：评价课题立项情况的发展分析。该章包括四部分内容：数据来源和研究方法；基于国家社会科学基金课题数据的计量分析；基于国家自然科学基金课题数据的计量分析；本章结论。

第八章：评价政策文件颁布情况的发展分析。该章包括三部分内容：数据来源和研究方法；评价政策文件颁布情况的计量分析；本章结论。

第九章：推动我国评价事业进一步发展的策略。该章包括三部分内容：我国评价事业发展已经取得的成绩；我国评价事业发展中还存在的一些问题；进一步推进我国评价事业发展的策略。

第十章：总结与展望。该章包括两个部分内容：主要研究结论；本书研究的不足与展望。

1.3.3 研究方法

从整体上说，研究方法的选取是由研究对象的特点、研究目的和研究思路等多种因素综合决定的。鉴于本书的研究对象是我国评价事业的发展，研究目标是要探寻我国评价事业的发展历程、发展态势、发展特征、发展规律等，并形成一些理论性的结果，研究思路主要是采用定量的分析方法，这决定了本书的研究方法将从宏观、中观、微观三个层次展开，包括偏于宏观层面的观察-判断方法；偏于中观层面的比较研究方法、历史分析方法；偏于微观层面的科学计量方法，具体包括词频统计法、共现分析法、知识图谱法。

（1）偏于宏观层面的观察-判断方法

观察-判断方法，即研究者通过观察、计算、实验等方式切入研究对象，在透彻理解和把握研究对象及相关现象的基础上，对要素、现象、事物之间的因果关系、发展态势等做出判断，得出具有理论性的结论。①

（2）偏于中观层面的方法

1）比较研究法，即对比两个事物之间的相似和相异程度，从而对事物的状态进行研究与判断的方法。在科学研究中，比较分析是有效建构、验证因果关系链条的研究策略。按照不同的划分标准，比较研究法可以划分为几种基本类型：总体比较与局部比较、历时比较与共时比较、孤立比较与关联比较、内部比较与外部比较等。②本书将通过比较研究法，比较各时期、各领域之间评价事业发展特点与规律的异同等。

2）历史分析法，即运用发展、变化的观点来分析客观事物和社会现象随着时间变化而发展的方法。本书将通过历史分析法，对我国不同发展阶段的评价事业进行比较，研究其发展状态、发展趋势和发展规律等。

（3）偏于微观层面的科学计量方法

在具体数据的处理方面，本书将主要采用科学计量学领域的理论和方法来进行数据的计算和解读。具体而言，主要包括词频统计法、共现分析法和知识

① 陈柏峰. 法律经验研究的机制分析方法[J]. 法商研究，2016，33（4）：44-54.

② 王续琨. 论科学学科与教育[M]. 大连：大连理工大学出版社，1997：287-288.

图谱法。

1）词频统计法。该方法是科学计量研究中最为基础的一种方法。简单来说，就是利用计算机技术对文献中的相关信息，如篇名、关键词、作者、机构、期刊名、参考文献、分类号等，进行词频统计，然后通过考察一个词出现的频次变化来了解一个学科（领域）的发展情况，包括研究的主题、研究的方法、学术研究的新生长点、一个作者或机构的科研生产力和学术影响力等方面的变化。①②该方法的优点是可以对文献进行定量分析，而且具有客观性、经济性和便捷性，此外，它还是其他文献计量方法的基础。本书将使用词频分析法，进行作者、机构、关键词、学术图书、论文等方面的数量统计。

当然，将词频分析法应用于文献统计分析时，能解决的主要还是“极值”和“排序”类的问题，如对每个关键词出现频次的统计、每个作者发表论文数量的统计、论文被引次数的统计等。该方法对结构类问题的解决就显得力不能及，这类问题的解决主要应用共现分析法和可视化知识图谱法。

2）共现分析法。该方法的源头主要来自著名科学计量学家 Henry Small 于 1973 年提出的“共被引分析方法”。③经过几十年的发展，共现分析方法已日趋成熟，其基本原理是若两个关键词出现在同一篇文献中，则表明这两个词之间存在着一种内在关系，而且出现的次数越多，就表明它们之间的关系越密切。④人们通过该方法可以发现研究对象之间的亲疏关系，挖掘隐含的或潜在的有用知识，并揭示研究对象所代表的学科或主体的结构与变化关系。本书通过共现分析法，主要研究评价研究论文中各种“关键词”的共现情况并绘制出相应的可视化图谱（即科学知识图谱），以反映评价研究的主题结构分布情况及其随时间发展的演变情况。

---

① 梁立明，谢彩霞. 词频分析法用于我国纳米科技研究动向分析[J]. 科学学研究，2003，（2）：138-142.

② 马费成，张勤. 国内外知识管理研究热点——基于词频的统计分析[J]. 情报学报，2006，25（2）：163-171.

③ Small H. Co-citation in the scientific literature:A new measure of the relationship between two documents[J]. Journal of the American Society for Information Science, 1973, 24(4): 265-269.

④ 汤建民. 中国高教研究地图——基于 CSSCI 高教研究论文的计量分析和可视化识别[J]. 中国高教研究，2010，（2）：22-26.

3）知识图谱法。简单来说，该方法即科学计量分析的可视化展现，有时也可称之为数据可视化技术。其主要含义是指用可视化图形的方法来显示科学知识的发展进程与结构关系，它具有“图”和“谱”的双重性质与特征，因此具有直观、定量等优点。笔者认为，它的兴起是多源流共同影响的产物，和科学界对图的日益重视、社会学领域中社会网络分析法的发展、科学计量学领域对文献关系网络的研究、物理学和系统科学领域中复杂网络理论的发展、计算机科学领域数据可视化技术的发展等都有一定关系。知识图谱法的优点是很明显的，如便于人们比较直观地理解大量数据背后隐藏的信息，解决知识超载问题；便于人们自动发现一些意想不到的信息，为发现知识模式提供更多的可能；便于人们发现数据中存在的异常；便于展示知识的多维性和多样性，突出知识之间的关联性，以及容易激发人们去探索知识的兴趣；等等。[①]在本书中，该方法将主要用于高产作者、高产机构的显示以及研究主题结构的显示。

本书使用的可视化软件是 NetDraw，该软件由美国肯塔基州立大学 Gatton 商学与经济学院管理系 Steve Borgatti 教授开发。该软件的主要优点是绘图效果简单直观，可以同时处理多种关系，也可以根据节点的特性设置节点的颜色、形状和大小，是一个非常灵活的可视化软件，并有很强的数据分析能力，可以进行中心性分析、角色分析、子图分析等。[②]

数据是问题意识的来源，也是各种计量分析方法和工具的使用场域。根据本书的研究目标、研究思路和目前我国数据库建设的发展现状，本书选择将期刊论文数据、硕博士学位论文数据、图书目录数据、课题立项数据、政策文本数据作为研究数据，这些数据分别来自中国知网期刊论文数据库、中国知网学位论文数据库、中国国家数字图书馆联机公共目录查询系统、国家自然科学基金管理信息系统、全国哲学社会科学规划办公室网站的课题数据库和北大法律信息网数据库。

---

① 汤建民. 基于中文数据库的知识图谱绘制方法及应用：以创新研究论文的分析为例[M]. 杭州：浙江大学出版社，2010：26-27.

② 王运锋，夏德宏，颜尧妹. 社会网络分析与可视化工具 NetDraw 的应用案例分析[J]. 现代教育技术，2008，（4）：85-89.

第二章

中国评价事业发展研究的理论基础

我国的评价事业是一个由众多要素组成的系统，因此，要研究我国评价事业的发展历程、发展现状、发展态势和发展规律等，就必然要求有一套相应的科学理论体系作为开展研究工作的理论基础。本章将首先对本书的核心概念做出界定；其次介绍和本书研究目标关系最为密切的四个理论：哲学中的价值理论和认识理论、系统科学理论、评价学理论及科学计量学相关理论；最后构建我国评价事业发展研究的基本框架。

2.1 核心概念的界定

2.1.1 评价的概念

“评价”是我们经常使用的词汇之一，《现代汉语词典》（第5版）对“评价”的注释是：作动词用时，其意为“评定价值高低”；作名词用时，其意为“评定的价值”。[①]《辞海》（第六版彩图本第3册）的解释与之相似，一是指“评定货物价格”；二是指“评论价值高低”。[②]但是在实际生活中，由于各人理解的角度各异，加上相似词汇较多，如“评估”“测评”“评介”“评定”“评述”“评议”“评判”等，相互混用的情况很常见。西方学界对这些术语的用法也同样存在不规范的情况，如在英语中就有evaluation、assessment、estimate、judge、appraisal和measurement等词，因此一般还是要在具体情景中做出相应的理解。

据学者考证，在我国，“评价”一词早在宋代就已出现，《宋史·隐逸传上·戚同文》就有“隐而不仕，家无斗粟，怡怡如也，未尝以贫窭干人。市物不评价，市人知而不欺”的记载，意为讨价还价。清朝黄六鸿的《福惠全书·杂课·牛驴杂税》则有“牛驴牲畜，烟包布花酒曲等税，交易之所收也，例有牙行经纪，评价发货”的叙述。[③]

学界目前对评价概念的理解，主要有管理学和哲学两种视角。从管理学视角出发，评价作为管理学名词，一般是指评价者根据评价标准，对评价对象的各个方面进行测量，最终得出一个可靠且有逻辑的结论。从哲学视角出发，通

① 中国社会科学院语言研究所词典编辑室. 现代汉语词典（第5版）. 北京：商务印书馆，2010：1055.

② 中华书局辞海编辑所主编. 辞海（第六版彩图本第3册）. 上海：上海辞书出版社，2009：1746.

③ 百度百科. 评价[EB/OL]. http://baike.baidu.com/item/%E8%AF%84%E4%BB%B7/508391[2017-05-07].

常是从价值论和认识论的角度对评价的内涵加以解释，如袁贵仁在其《价值学引论》一书中将评价定义为“主体对客体于人的意义的一种观念性掌握，是主体关于客体有无价值以及价值大小所作的判断”[①]。冯平在其《评价论》一书中给出的定义是“评价，是人把握客体对人的意义、价值的一种观念性活动”[②]。马俊峰在其《评价活动论》一书中给出的定义是“评价，从最一般的意义上说，是人把握世界、事物、事件等对自己的价值的观念活动，是人观念地把握事物的意义的活动”[③]。陈新汉在《自我评价论》一书中给出的定义是“评价就是主体反映客体属性与主体需要之间关系的认识活动”[④]。

另外，值得一提的是，我国语言学领域近年来也出现了越来越多关于评价的研究，但在语言学研究中，评价通常是作为一种涵盖作者对所论及的实体或命题的立场、态度、观点、情感等因素的总括性概念来使用的。该理论主要由马丁等提出，其实质是用来协商情感、判断、鉴赏和介入程度的、以词汇为主的语义系统。[⑤]我国最早和该理论相关的论文是王振华于 2001 年发表的《评价系统及其运作——系统功能语言学的新发展》。[⑥]由此可见，我国语言学研究中“评价”的含义是有特指的，和我们日常生活中所使用的评价的含义有较远的距离。

在充分借鉴上述已有相关理论的基础上，本书给出如下定义：所谓评价，一般是指评价者按照明确的评价目的对评价对象的各种属性进行研究，并将其与评价标准进行比较，以判别评价对象有无价值和价值大小的一种行为。它是一种特殊的认识活动，目的是通过评价活动获得对评价对象的评价性认识。在这一定义中，评价的概念主要由下列几个要素组成：评价者、评价目的、评价对象、评价标准、评价方法、评价结果。

---

① 袁贵仁. 价值学引论[M]. 北京：北京师范大学出版社，1991：207.

② 冯平. 评价论[M]. 北京：东方出版社，1995：1.

③ 马俊峰. 评价活动论[M]. 北京：中国人民大学出版社，1994：88.

④ 陈新汉. 自我评价论[M]. 上海：上海人民出版社，2011：65.

⑤ 徐玉臣. 中国评价理论研究的回顾与展望[J]. 外语教学，2013，34（3）：11-15.

⑥ 王振华. 评价系统及其运作——系统功能语言学的新发展[J]. 外国语（上海外国语大学学报），2001，（6）：13-20.

评价是人类的最基本活动之一，人在生活中几乎时刻都会碰到评价的问题，如表现在意志中的“要”与“不要”的问题；表现在态度上的“好”与“坏”的问题；表现在情感生活中的喜、怒、爱、憎问题；表现在人际交往过程中的看似无关紧要的一个“点头”或“摇头”，一个“微笑”或“白眼”，一个不置可否的“沉默”，实际上都表示了一种评价。①而随着社会的发展，除了日常生活中的一些评价外，政治、经济、军事及各行各业中的各种新产生的人为事、人工物也层出不穷，而且其复杂程度、规模化程度都在不断提高，这就决定了我们必须在一个新的时代起点上重新认识评价活动的多样性和复杂性，重新认识加强评价理论研究的重要性和迫切性，重新认识建构和发展评价科学的必要性和艰巨性，重新认识进一步推动我国评价事业发展的重要性和探寻有效途径的必要性与可能性。

2.1.2 评价学、评价科学的概念

现代科学是一个层级有序、结构复杂的知识系统。王续琨等将其划分为五个层级：第一层级是科学部类，如自然科学、社会科学等；第二层级是学科门类，如力学、教育科学；第三层级是学科群组，如固体力学、学校教育学；第四层级是学科系组，如结构力学、高等教育学；第五层级是基元学科，如板壳力学、研究生教育学（图 2-1）。基元学科也不一定是学科序列的尽头，可能仍属于过渡环节，随着研究的深入，后面还可能有更次一级的学科。②

正如在管理领域有管理、管理学、管理科学等概念的区分一样，在评价领域，笔者认为，为了有效地进行学术对话和交流，也需要相应地提出和界定评价、评价学、评价科学等的概念。

按照学术界的一般理解，评价学、评价科学是指以评价活动和评价行为作为研究对象的学问或科学，因此，在一般情况下，评价学、评价科学在很多场合是可以互用和混用的，就像我们在日常生活中经常把经济学、教育学、生态

① 张理海. 社会评价论[M]. 武汉：武汉大学出版社，1999.
② 王续琨等. 管理科学学科演进论[M]. 北京：人民出版社，2012：7-8.

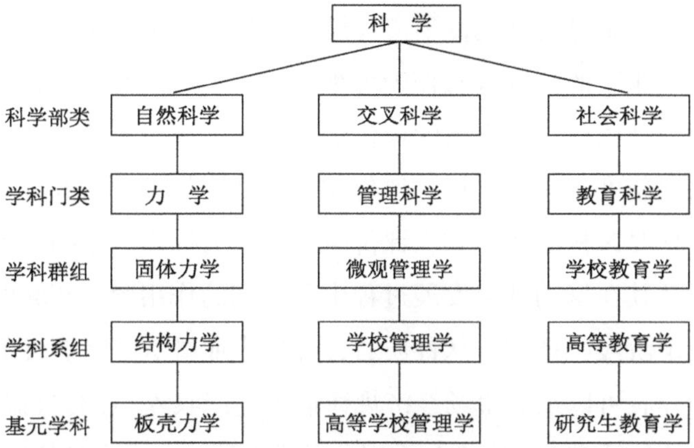

图 2-1 现代科学知识体系层级结构示意图

学等分别称为经济科学、教育科学、生态科学一样。但考虑到现代科学大多已经发展成为一个有着层级结构的复杂知识系统，需要有一组立体化的、相区别的概念作为对应，因此本书对这两个概念做出如下约定。

本书所使用的“评价科学”为广义的评价科学，是指一个由所有以评价活动作为研究对象的各种学科共同组成的知识集合体。评价科学是一个门类，既包括按照领域的不同而划分出来的分支学科，如矿产资源评价学、环境影响评价学、药物评价学、教育评价学等，也包括按照研究视角、研究重点和研究方法的不同划分出来的分支学科，如评价哲学、评价心理学、评价管理学等。评价科学归属于交叉科学，它既有自然科学属性的一面，又有社会科学属性的一面。

本书所使用的“评价学”专指论述评价活动一般规律的普通评价学，在少数场合中，也可以等同于广义的评价科学。

2.1.3 评价事业的概念

在对评价、评价学、评价科学等概念进行界定的基础上，下面继续对评价事业的概念进行界定。

《现代汉语词典》（第 5 版）对“事业”的注释有两种：一是指“人所从事的，具有一定目标、规模和系统而对社会发展有影响的经常活动”；二是指“没有生产收入，由国家经费开支，不进行经济核算的事业（区别于企业）”[①]。

将上述“事业”的两种含义作为思维基点，本书认为可以将“评价事业”理解为组织化、规模化和制度化的评价活动，是由评价主体、评价客体、评价方法、评价法规制度、评价过程、评价监督以及评价理论研究等一系列和评价活动相关的各种要素构成的总和。评价事业概念的提出，是与评价在社会结构中所处的地位及其在推动社会发展过程中所起到的作用紧密相联的，因此它是社会发展到一定阶段的产物。从性质看，评价事业既有经济属性的一面，即很多评价活动的开展可以按照市场经济规律取得生产收入，也有公益属性的一面，即在开展某些评价活动时，应充分重视公益性的要求，不应过分追求经济利益。从地位和作用看，评价事业是国家、社会结构中不可缺少的一个重要组成部分，它的存在价值在于能够帮助解决人类社会所面临的各种选择问题，是现代化管理中的一个重要环节或者说是前提和基础。

2.2 哲学中的价值理论和认识理论

2.2.1 价值理论

（1）价值理论概述

价值理论属于哲学范畴，从哲学意义上说，价值是客体对主体需要的一种满足，是客体对于主体的效用和意义。这里的客体显然既可以指某物，也可以指某事或某人。要理解哲学意义上的价值理论，显然又离不开经济学对“价值”概念的理解。因为在长期的历史发展过程中，价值同时也是作为一个经济学概念而被广泛应用的。

在马克思主义政治经济学中，价值理论主要有三个最基本的概念：价值、

① 中国社会科学院语言研究所词典编辑室. 现代汉语词典（第 5 版）. 北京：商务印书馆，2010：1246.

使用价值和交换价值。其中价值通常是指凝结在商品中的无差别的人类劳动。在这里，马克思强调了价值不在自然物本身，而是劳动的产物。劳动创造价值，劳动形成价值。劳动决定价值的有无和大小。劳动与价值之间的关系是一种因果关系，是一种创造与被创造的关系。使用价值是指商品能满足人们某种需要的属性，而说商品有使用价值，无非是说它能满足某种社会需要。交换价值是指价值的表现形式。在经济学中，无论是价值还是使用价值，在一定意义上都是为了说明和理解交换价值。因为商品是用来交换的劳动产品，而商品交换是对不同使用价值的让渡，使用价值是商品交换的实际内容，是商品交换得以进行的前提。但价值是交换价值的基础，不同的商品之所以能进行交换，是因为它们都是劳动产品，都凝结了人类的一般劳动，正是根据社会必要劳动时间，不同质的商品在质和量上的交换才成为可能。

相比较而言，哲学中的“价值”概念是比经济学中的“价值”概念更抽象、更概括、更带有一般性的概念。哲学中的“价值”通常是指一般价值，而经济学中的“价值”和“使用价值”则是“特殊价值”。当然，哲学中的一般价值不能完全脱离经济学中的“价值”和“使用价值”，也就是说，不能脱离劳动的价值和商品的价值这些个别价值。同时，任何一般只是大致包括个别，任何个别都不能完全被包括在一般之中，所以，哲学中的“价值”也不等同于经济学中的“价值”和“使用价值”。我们既不能用一般价值替代个别价值，也不能用个别价值取代一般价值。总的来说，两者既有联系，又有区别，并不矛盾，主要是含义上的不同。①

（2）价值理论和评价

所谓评价，就是主体对客体于人的意义的一种观念性把握，是主体对客体有无价值及价值大小所做的判断。评价和价值总是紧密联系在一起的，一方面，价值决定评价；另一方面，评价又揭示价值。②

首先，价值决定评价。因为价值是一种客观存在的主客体关系，是在评价主体之外不以评价主体的意志为转移的客观对象；而评价则是主体对客体价值

① 邱均平，文庭孝，等. 评价学：理论·方法·实践[M]. 北京：科学出版社，2010：54-56.
② 邱均平，王碧云，汤建民. 教育评价学：理论·方法·实践[M]. 北京：科学出版社，2016：51-52.

的一种认识活动，是对客观价值的一种主观印象。因此，前者是第一性的，后者是第二性的。显然，客观价值先于评价而存在，评价随着客观价值的变化而变化。另外，价值决定评价还表现在，有什么样的价值现象，就有什么样的评价方式，因此，价值是评价的基础。

其次，评价又揭示价值。因为在现实生活中，评价是发现价值、表现价值和实现价值的重要手段，人们正是通过评价这种手段或方法，去揭示和把握客体的价值，使客体的价值由潜在的形式转化为直接的形式呈现在人们的面前，从而被主体意识到、认识到。从广义上说，任何事物都有其价值，只是价值的大小不一、正负不一，要认识其价值，则需要通过评价。从这个意义上说，评价就是判断评价客体之于评价主体有无价值及价值大小的一种活动。

2.2.2 认识理论

（1）认识理论概述

评价在本质上属于认识，具有认识的一般特性，但评价又是认识的一种特殊形式，具有一般认识所不具有的特点，因此，评价是一种特殊的认识活动，即价值认识活动。[①]评价作为认识价值的一种观念性活动，既属于价值论研究的范围，同时也属于认识论研究的范围。

目前，学界对“认识”的理解有狭义和广义两种。狭义的理解是指主体对客体的自然属性、客观规律的把握；广义的理解则泛指主体观念地把握客体的一切形式。由此可见，就狭义的角度来说，评价和认识是一种并列关系；就广义的角度来说，评价则是认识的一个方面，评价和认识是局部和总体的关系。显然，对客体的认识活动，既要认识它的自然属性和客观规律，又要认识它对于人的价值和意义，两者不可偏废其一。这样，人们就又把认识分为两类，根据其反映的对象把狭义的认识称为“事实认识”，而把价值评价称为“价值认识”。

“事实认识”和“价值认识”的区别主要表现在两方面：一是对象方面的不

① 袁贵仁. 价值学引论[M]. 北京：北京师范大学出版社，1991：212-216.

同。“事实认识”的认识对象是事实，是关于客体的自然属性、客观规律等的描述；而“价值认识”的认识对象是价值，是客体对于人的意义。二是认识方式方面的不同。“事实认识”的任务是揭示客体的内部联系，在这个过程中，要努力排除人的主观因素的影响；而“价值认识”每时每刻都将客体的属性与人的需要联系起来，按照人的需要去揭示客体对于人的价值，这个过程要求不能将人的需要排除在价值认识的内容之外，而是共同构成价值认识。上述区别决定了价值认识具有更强的主观性和主体性。由此我们也可以推出进一步的结论，即事实认识由于排除了主观性，不同的主体对于同一客体的评价一般会得出基本相同或相似的结论，而价值认识由于未排除主观性，且不同主体往往有不同的需要，即使是对同一个客体来说，其得出的结论也可能会相差甚远。也就是说，价值认识一般具有更大的相对性和误差，它会随评价主体、评价环境、评价条件等的变化而变化。

当然，“事实认识”和“价值认识”之间又有密切的联系，主要表现在三方面：首先，“事实认识”是“价值认识”的前提，“价值认识”离不开“事实认识”提供的材料，事实上，无论进行什么样的价值认识，都需要首先了解客体的属性，否则就无法完整地认识和把握客体，从而产生偏见或得出错误的结论。其次，“价值认识”也制约着“事实认识”的过程。因为在认识活动中的每一步都离不开选择，如选择什么问题、什么数据来研究，研究的主要目标是什么，研究的重点是什么，应该采取什么步骤等，在考虑这些问题的时候，事实上就已经在评价了。所以可以说，如果没有“价值认识”和价值评价的话，那么人就不可能进行“事实认识”。最后，“价值认识”对“事实认识”的制约还表现在“事实认识”只有通过“价值认识”才能发挥对社会实践的指导作用。也就是说，“事实认识”只有连同“价值认识”一起，才能把客体的属性同人的需要结合起来，直接指导人们有目的实践。所以，“价值认识”是联系认识和实践活动的中间环节。

（2）认识理论与评价

由上述论述可知，认识与评价是密切相联的。第一，评价和认识一样，基础都是实践，因实践而产生，因实践而发展，都要经历实践—评价—再实践—

再评价的循环往复过程。第二，评价和认识一样，结果都是由知觉、表象、概念、判断及思想和观念等组成的。第三，认识活动是评价活动的基础，评价正是在“事实认识”和“价值认识”的基础上形成的对客体价值和意义大小的判断。第四，评价也是全面、系统、准确认识客体的一种有效方法，评价本质上是一种特殊的认识活动，即价值认识活动。因此，价值理论和认识理论都是评价研究的理论基础。①

2.3 系统科学理论

2.3.1 系统科学理论概述

系统科学理论是研究系统的一般模式、结构和规律的学问。“系统”一词，一般是指由若干要素以一定结构形式联结构成的具有某种功能的有机整体。人类关于系统的思想源远流长，但作为一门科学的系统论，一般认为是由美籍奥地利人、理论生物学家贝塔朗菲于 20 世纪 30 年代最早创立的。该理论认为，整体性、关联性、等级结构性、动态平衡性、时序性等是所有系统的共同基本特征。②

系统科学的一般理论可简单概括如下：所谓系统，是指由两个或两个以上的要素相互作用而组成的整体。所谓相互作用，主要指非线性作用，它是构成系统全部特性的基础。系统的首要特性是整体突现性，即系统作为整体，具有部分或部分之和所没有的性质，也就是说，整体不等于部分之和。与此同时，系统组分受到系统整体的约束和限制，其性质被屏蔽，独立性丧失。进一步来

① 邱均平，文庭孝，等. 评价学：理论·方法·实践[M]. 北京：科学出版社，2010：60-61.

② 百度百科. 系统理论[EB/OL]. http://baike.baidu.com/link?url=RTMa05of2i-QuMK_G6psyz1pZZzMdf-hOmEqiMnxqNs0ezFtiTMpgXCPAyZzRYwW0o3sAM8nDYDI2PuRwNG4leOf0f82ibfAT2fEZ3clpgXJfh3QTURzkXRF9lwXjJml[2017-05-27].

看，任何系统要素本身也同样是一个系统，要素作为系统构成原系统的子系统，子系统又必然为次子系统构成……如此构成一层层的递进关系。因而，系统结构的一个重要内容就是系统的层次结构。与一个系统相关联的、系统的构成关系不再起作用的外部存在称为系统的环境。系统相对于环境的变化称为系统的行为，系统相对于环境表现出来的性质称为系统的性能，系统行为所引起的环境变化，称为系统的功能。系统的功能由元素、结构和环境三者共同决定。

对于系统科学理论的理解，笔者认为应该重点把握其核心思想。

其一是要把握系统的整体思想。贝塔朗菲强调，任何系统都是一个有机的整体，它不是各个部分的简单相加或机械组合，系统的整体功能不等于各要素在孤立状态下所表现出来的功能的简单相加，因此不能简单地认为要素性能好，其整体性能就一定好，即不能简单地以局部说明整体。同时他又认为，系统中各要素不是孤立地存在着的，每个要素在系统中都处于一定的位置，起着特定的作用。要素是整体中的要素，要素之间相互关联，构成了一个不可分割的整体，如果将要素从整体中割离出来，它将失去要素的作用。①

其二是要把握动态演化思想或过程思想。其基本内容为：一切实际系统由于各要素间的相互作用，总是处于有序与无序、平衡与非平衡的相互转化的运动变化之中。也就是说，系统的存在从本质上说是一个动态过程，系统结构不过是动态过程的外部表现，而任一系统作为过程又构成更大过程的一个环节、一个阶段。

其三是要把握系统的多样性思想，即人类社会中的系统是多种多样的，在处理分析问题时，应该根据不同的原则和情况来划分系统的类型。比如，按范围大小的不同，可以将系统划分为宏观系统、中观系统和微观系统；按学科领域的不同，可以将系统划分为自然系统、社会系统和思维系统；按系统与环境的关系的不同，可以将系统划分为开放系统、封闭系统和孤立系统；按系统所处状态的不同，可以将系统划分为平衡系统、非平衡系统、近平衡系统、远平衡系统；按人类对系统干预程度的不同，可以将系统划分为自然系统、人工系统等。

① 百度百科. 系统理论[EB/OL]. http://baike.baidu.com/link?url=RTMa05of2i-QuMK_G6psyz1pZZzMdf-hOmEqiMnxqNs0ezFtiTMpgXCPAyZzRYwW0o3sAM8nDYDI2PuRwNG4leOf0f82ibfAT2fEZ3clpgXJfh3QTURzkXRF9lwXjJml[2017-05-27].

2.3.2 系统科学理论与评价及评价事业研究

根据系统科学理论，任何一个研究对象都可以被视为一个系统，因此，无论是评价活动还是评价事业，无疑都可以从系统科学理论的角度来研究。换言之，系统科学理论可以为评价及评价事业的相关研究提供理论基础，因此在评价及评价事业的研究中具有广泛的应用。

在系统科学理论视角下进行评价及评价事业的相关研究，笔者认为应该重点把握以下几方面内容。

其一，评价活动自身是一个完整的系统。每一个完整的评价活动一般都要经过确立评价目的和标准、获取评价信息、形成评价判断三个最主要环节。在具体的评价情景中，评价方法的设计和选择以及评价的检验和修正也经常是其中的工作环节。

其二，不仅评价对象本身是一个完整的系统，而且评价主体、评价方法、评价环境等事实上也都是一个完整的系统。对于“评价对象是一个完整的系统”这一点，人们很容易理解，而且已达成共识。但笔者想在这里进一步明确指出的是，评价主体、评价方法、评价环境等事实上都是一个完整的系统。例如，就评价主体来说，既可以是个人，也可以是机构或组织。但在以往的研究中，特别是在哲学视角下的评价理论研究中，人们为了描述方便，或是为了抽象研究的需要，往往只论述个人或以“评价者”“评价主体”等笼统的词汇来代替而没有进行分类、扩展的论述。事实上，特别是在现代社会中，技术的进步、社会交往范围的延伸、生产规模的扩大、管理活动复杂性的增加，使得评价主体已经成为一个具有丰富内涵的组合体，不仅包括个人、机构、公众、政府等不同层面的评价主体，而且包括评价工作委托者、评价工作实施者、评价结果使用者、评价工作监督者等不同关系环境中的评价主体。

根据系统科学理论和评价的自身特性，我们可以构建出评价系统的一般模型。关于其模型构成，学界目前主要有“三要素说”和“四要素说”两种。前者认为评价系统是由评价者、评价对象和评价手段三个基本要素构成的，此外也包括一些非基本要素，如评价目的等。[①]而后者认为评价系统是由评价主体系统、评价客体系统、评价目标系统和评价参照系统构成的。[②]总的来看，两者虽在形式和表述上有些差别，但基本思想和内容是相似的，本书构建的一般模型如图 2-2 所示。

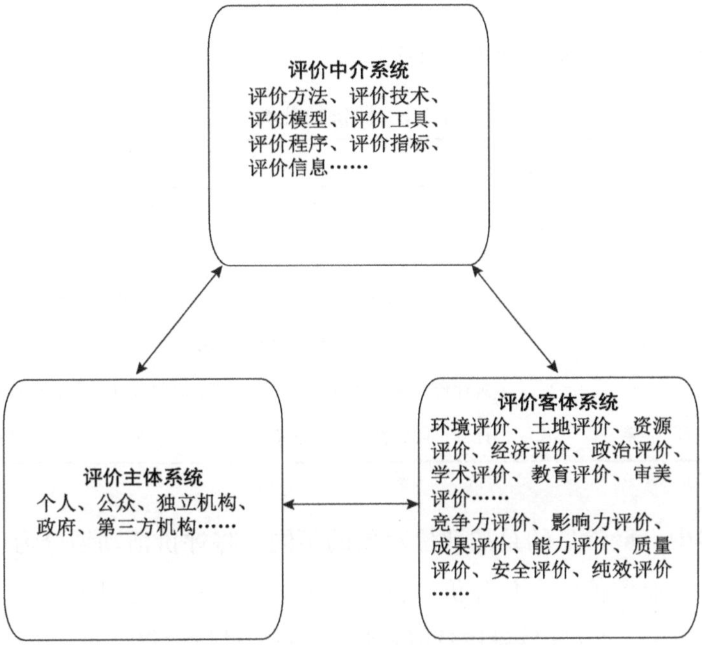

图 2-2　本书构建的评价系统的一般模型

其三，要重视从整体性原则去研究评价及评价事业。整体性原则是系统科学方法论的首要原则。为此，一方面，我们要始终立足于从整体的考察中达到对对象的整体把握；另一方面，我们要从整体性原则出发，去研究评价系统及评价系统内部诸要素之间、要素与环境之间的相互关系和变动的规律性，在此基础上达到优化评价系统的目的。

其四，评价系统和其他任何一个系统一样，都处于一定的环境之中，都受

① 秦越存. 价值评价的本质[J]. 学术交流，2002，（2）：1-6.

② 连燕华，马晓光. 评价要素系统结构分析及模型的建立[J]. 研究与发展管理，2000，（4）：17-20，44.

到环境的制约，系统与环境的适应是系统生存的关键所在。因此，评价及评价事业要顺利发展，就必须不断主动地去适应时代发展和社会进步对评价提出的新要求，而不能故步自封，不思进取。

其五，评价的范围极其广泛，从理论上讲，它覆盖了与人类活动有关的所有方面。因此，评价及评价事业作为一个复杂的系统，对其分类也可以根据不同的分类依据进行多种划分（表 2-1）。

表 2-1 评价的分类①

分类依据	分类
评价规模	宏观评价、中观评价和微观评价
评价时间	事前评价、事中评价、事后评价
评价对象	环境评价、企业评价、教育评价、科技评价、人物评价等
评价主体	内部评价、外部评价
评价方法	主观评价、客观评价（基于计量学方法评价）、综合性评价
评价任务特征	诊断性评价、回顾性评价、前瞻性评价、复核性评价、优选性评价等

在实践中，最常见的是按评价对象的不同，将评价活动划分为环境评价、土地评价、企业评价、文化评价、科技评价等，而且还可以根据需要，对评价对象进一步细分，如可以将科技评价进一步分为科技政策评价、科技项目评价、科技机构评价、科技人员评价、科技期刊评价和科技成果评价等。

2.4 评价学理论

2.4.1 评价学理论概述

前已述及，按照学界的一般理解，评价学是一门将评价活动和评价行为作

① 邱均平，文庭孝，等. 评价学：理论·方法·实践[M]. 北京：科学出版社，2010：42-43.

为研究对象的学问或科学。本书在前面的论述中对评价学、评价科学这两个概念的含义进行了界定，其中“评价学”是指论述评价活动一般规律的普通评价学，而评价科学是指由所有以评价活动作为研究对象的各种学科所共同组成的知识集合体，是对矿产资源评价学、环境影响评价学、药物评价学、教育评价学、资产评估学、项目评估学以及评价哲学等多门分支学科的一种统称。但值得指出的是，本节所指的“评价学理论”既包括普通评价学的相关理论，也包括评价科学的相关理论。

评价是人类的基本活动之一，不仅评价的实践活动源远流长，而且评价学的理论发展也经历了漫长的发展过程，目前的研究成果主要集中在以下几个方面。

一是关于评价活动的哲学思考，主要是从价值论和认识论方面进行的研究，如国内学者马俊峰、冯平、陈新汉、张理海等所出版的著作。这些著作主要是对评价的概念、评价的发生和发展历史、评价的本质和特征、评价活动的分类、评价的心理活动过程、评价和社会发展的关系等方面进行了研究。例如，对于评价的概念，他们一般将其定义为主体对客体于人的意义的一种观念性掌握，是主体关于客体有无价值及价值大小所做的判断。

二是从某一具体学科领域出发，紧密结合该学科领域的评价实践而进行的评价理论研究，如国内已经出版的《教育评价学》《环境影响评价学》《投资与评价学》《药物评价学》《卫生项目评价学》《资产评估学》等。这些著作主要对某一具体学科领域评价活动的发生和发展历史、评价活动的地位和作用、评价活动的类型、评价所采用的方法和工具仪器的使用、评价活动的组织过程、评价活动开展的政策法规依据等进行了研究，一般都总结了该学科领域评价活动发生发展的一些特征和规律。比如，蒋学华主编的《药物评价方法概论》指出：“药物评价是指药物从发现到临床应用的整个过程中，从药学、药理学、毒理学、临床医学、管理学、经济学及社会学等多角度进行认识的过程。药物评价不仅是药物研制与应用全过程的工作内容，也是保证药物研制与应用方法科学合理的重要手段。药物研制与应用水平的高低，在很大程度上取决于评价指标与方法的先进性和科学性。对药物的评价过程，就是寻找药物与认识药物的过程。”“药物评价是多学科的共同任务，需要各方面工作人员的协作努力。”

“对一个具体的药品而言，它的评价从其被发现开始，只要还在应用，就不会终止，人类对药物的评价也将伴随着人类与药物共存的全过程。”①上面引用的这些论述，虽然只有短短 200 多个字，但含义却十分丰富，很好地总结了药物评价领域的一些特征和规律，对我国药物评价事业的发展无疑能起到推动作用。其他学科领域，如教育评价、环境影响评价、投资评价、项目评价、企业评价等方面的相关评价学理论，无疑有同样之功。

三是期望能够突破具体的学科领域特征，着重从学科建设角度出发，构建出内容体系比较全面、具有普适性指导意义且具有较强理论指导意义的评价学理论。整体来看，这方面的系统性成果还很少，目前能够查阅到的研究成果只有以邱均平等所著的《评价学：理论·方法·实践》为代表的少量成果。就《评价学：理论·方法·实践》来说，其主要特点是体系比较完善，内容丰富，理论和实践紧密结合。从体系和内容上看，该书分为理论篇、方法篇、实践篇三部分，其中理论篇主要论述了评价活动的兴起与发展、评价的相关概念、评价活动的意义、评价活动的原则、评价活动的类型、评价系统的要素和内容、评价的理论基础、评价学的学科构建和评价学的理论体系等问题；方法篇着重论述了评价学方法论、广义的评价方法、评价学的定性方法、评价学的定量方法、评价学的综合方法等问题；实践篇着重论述了国家竞争力评价、大学评价、科研机构评价、企业竞争力评价、学术期刊评价、人文社会科学研究成果评价等问题。从具体内容上看，该书对很多问题都有比较全面深入的论述，如对评价学理论基础问题的论述，该书认为，评价学的理论基础是一个理论集合体，由多学科理论共同构成，主要来源于哲学中的价值论和认识论，劳动价值论，文献计量学、科学计量学、知识计量学和经济计量学理论，比较理论与分类理论，信息论与系统论，科学管理与科学决策理论，信息管理科学理论，数学与统计学理论等，以及科学学、预测学、科技管理、科学哲学等学科理论。又如，关于评价学的学科体系结构问题，该书认为，从内容层次结构的角度划分，可分为宏观评价学、中观评价学、微观评价学；从对象范围结构的角度划分，可分为广义评价学、狭义评价学；从内容范围结构的角度划分，可分为理论评价学、

---

① 蒋学华. 药物评价方法概论[M]. 成都：四川大学出版社，2005：13.

技术评价学、应用评价学；等等。总之，该书在评价学理论研究方面堪称我国评价学理论的集成之作。

2.4.2 评价学理论与我国评价事业研究

由上述论述可知，评价学作为一门以评价活动和评价行为为研究对象的学科，其相关理论研究成果无疑是我们进行我国评价事业发展研究的重要理论资源，可以帮助我们更好地组织与开展各种评价活动，帮助我们更好地考察和评价我国评价事业的发展状况，帮助我们更有效地去寻求推动我国评价事业发展之策。评价事业作为组织化、规模化和制度化的评价活动，包含的内容极为广泛和复杂，且实践性都非常强，因此，要取得良好的效果，就必须重视从评价学基本理论中汲取营养、寻求理论指导。从现实层面来说，一方面，目前我国的评价事业整体上还处在粗放期，因为在很多方面都存在“实践先行理论滞后”以及“往往凭经验进行评价而不注重从理论中寻求指导”等问题；但另一方面，目前我国的评价事业又处于快速发展期，因为各领域对评价的需求急剧增加，对评价方法、评价视角等都提出了更高的要求。这些时代因素决定了我们必须重视从评价学的相关理论中寻求帮助。当然，评价学理论研究本身也是我国评价事业发展组成中的一个重要部分，而且评价事业在实践层面的发展同时也可以反过来丰富评价学的相关理论研究，因此，我们应该力求实现两者的良性互动，以共同推动我国评价学和评价事业的健康发展。

2.5 科学计量学相关理论

2.5.1 科学计量学的起源与发展

简单地说，科学计量学就是运用数学方法对科学的各个方面和整体进行定量化研究，以解释其发展态势的一门学科，被人们称为“科学的科学”。科学计量学的产生可以追溯到19世纪中叶，如瑞士植物学家阿尔丰沙·德堪多和英国科学家高尔顿进行的科学发展统计分析。阿尔丰沙·德堪多受达尔文《物种起源》的影响，于1873年出版了《两百年来科学和科学家的历史》一书，该书对英国、法国、德国三国的科学家进行了学科门类、社会出身和民族的时空分布统计，并对遗传、教育、家庭传统、物质条件、社会意识、宗教、国家制度、语言、政治、地理位置、气候等因素对科学家的影响进行了分析。达尔文的表弟、英国著名博物学家高尔顿，同样受达尔文的影响，出版了他的两部科学计量名著——《遗传天赋》（1869年）和《英国科学家》（1874年），尽管这两本书中的论点有些是错误的，却开创了杰出科学家分布研究的先河。①

对科学计量学的发展起到奠基作用的主要是科学计量学三定律的发现，分别是洛特卡定律、布拉德福文献分散定律（简称布拉德福定律）和齐普夫定律。

洛特卡是美国人口统计学家，他于1926年发表了《科学生产率的频率分布》一文，提出了一个关于科学家与科学文献产出之间数量关系的发现，即写了x篇论文的作者数占作者总数的比例$f(x)$与其所撰写的论文数x的平方成反比，即$f(x)=C/x^2$。式中的C为某主题领域的特征常数。这就是著名的洛特卡定律。②

布拉德福是英国著名的文献学家和化学家，长期从事图书馆工作。他于1934年发表了《专门学科的情报源》一文，揭示了科学论文在期刊中的集中与离散分布规律。按照布拉德福的看法，科学具有统一性的原则，每一个学科都或多或少、或远或近地与其他一个学科发生关联，因此会出现一个学科的文献发表在另一个学科期刊中的现象。如果将科学期刊按其登载某个学科的论文数量的多少按渐减顺序排列，那么可以把期刊分为专门面向这个学科的核心区和包含着与核心区同等数量论文的几个区。这时，核心区与相继各区的期刊数量成$1:a:a^2\cdots$的关系（a为大于1的常数）。③

齐普夫是哈佛大学的语言学家和心理学家，1935年，他以大量统计数据为

① 蒋国华. 科学学的起源[M]. 石家庄：河北教育出版社，2001：116-119.
② 邱均平. 信息计量学[M]. 武汉：武汉大学出版社，2007：159-165.
③ 邱均平. 信息计量学[M]. 武汉：武汉大学出版社，2007：97-104.

基础对词频分布规律进行了系统研究，提出了有关词频分布的规律。他认为人类的语言使用遵照着最省力法则，不同词汇的使用和出现频率具有规律性。在任何一篇文章中，如果将每个词的出现频率统计出来，按照从高到低的顺序排列，并用自然数给这些词编上等级序号，即频次最高的词等级为 1，频次次之的词等级为 2，依此类推，频次最小的词等级为 D（或 L）。若用 F_r 表示频次，r 表示等级序号，则有 $F_r \cdot r=C$（该式即齐普夫定律）。式中 C 为常数，但这里的常数并不是绝对不变的恒量，而是围绕一个中心数值上下波动。[①]

对科学计量学的产生具有重大影响的是美国的科学家普赖斯和加菲尔德。普赖斯的两部著作《巴比伦以来的科学》和《小科学，大科学》，为构筑科学计量学的结构框架奠定了基础，使科学的计量研究正式成为一门科学，从而开辟了一个崭新的研究领域。普赖斯对科学计量学的发展做出了许多重要贡献，其中的一个重要贡献是提出了文献信息指数增长模型，即 $F(t)=ae^{bt}$（$a>0$，$b>0$）。式中的 $F(t)$ 表示时刻 t 的文献量；t 为时间，一般以年为单位；a 为条件常数，即统计的初始时刻（$t=0$）的文献量；e 为自然对数的底；b 为时间常数，即持续增长率。这就是著名的普赖斯指数定律。

推动科学计量学迅速发展的工作和加菲尔德分不开。1955 年，加菲尔德提出了用引文索引检索科技文献的方法[②]，并于 1963 年出版了《科学引文索引》，1973 年出版了《社会科学引文索引》，1978 年出版了《艺术和人文学科引文索引》。加菲尔德的一系列工作，为计量评价某个国家或地区、研究机构、学科领域、科学家的科研绩效以及研究进展等提供了数据基础和研究方法，由此极大地推动了科学计量学及相关领域的发展。

随着科学交流环境的日益网络化，近年来的一个最新发展趋势是替代计量学的兴起。学者一般认为，它的兴起是论文层面评价、科研成果计量、科研发现计量、科学计量学 2.0 等众多研究合流的结果，产生背景主要是传统文献计量学中存在的局限和在线科研环境变化所带来的机遇。“altmetrics”一词最早

① 邱均平. 信息计量学[M]. 武汉：武汉大学出版社，2007：132-139.

② Garfield E. Citation indexes for science: A new dimension in documentation through the association of ideas[J]. Science, 1955, 122(3159): 108-111.

由 Priem 于 2010 年在他自己的 Twitter 上使用的，目的是弥补 article-level metrics 这一术语内涵的局限性。随后，Priem 联同 Taraborelli 等在专门设立的网站（http://altmetrics.org/manifesto）上发表了"Altmetrics: A Manifesto"，正式提出了"altmetrics"一词，随后引起学界的广泛关注和重视。[①]Piwowar 在 *Nature* 上发表评论认为，altmetrics 会带来科研影响力评价方式的变化。[②]PLOS、Elsevier 等也对 altmetrics 公开表示了支持，国际科学计量学与信息计量学学会也对此进行了报道。[③]目前的研究正在向实证方面和开发更多、更有效的新计量工具方面发展。[④]由此可以预见，在今后相当长的一段时间内，替代计量学评价会成为传统科研评价的有力补充，且随着时间的推移，替代计量学很可能成为主流。

2.5.2 科学计量学的常用数据源与工具

科学计量学研究离不开数据和工具软件的支持。在国内，目前常用的科学计量研究数据源主要有中国知网数据库、CSSCI、万方数据库、维普数据库、Web of Knowledge 数据库和 Scopus 数据库等。常用工具则有 Excel、SPSS、SAS、Bibexcel、汤姆森数据分析器（Thomson Data Analyzer，TDA）以及 NetDraw 等众多可视化软件工具。

知识图谱的绘制显然离不开各种可视化工具的使用，从已有的文献看，目前国内使用最多的研究工具或软件是陈超美博士研发的 CiteSpace 以及著名的社会网络分析软件 Ucinet 和 Pajek。此外，由美国印第安纳大学图书馆与信息科学学院副教授 Katy Börne 带领的团队研发的可视化软件 Network Workbench Tool 和 Sci2 Tool，由荷兰学者 Van Eck 与 Waltman 研发的可视化软件 VOS viewer，由美国搜索技术公司开发的免费文本挖掘与可视化软件 VantagePoint

---

① 邱均平，余厚强. 替代计量学的提出过程与研究进展[J]. 图书情报工作，2013，57（19）：5-12.

② Piwowar H. Altmetrics: Value all research products[J]. Nature,2013,493(7431):159.

③ Groth P, Taraborelli D,Priem J. Altmetrics: Tracking scholarly impact on the social web[J]. ISSI Newsletter, 2011(2): 70-72.

④ Yan K K, Gerstein M. The spread of scientific information: Insights from the web usage statistics in PLoS article-level metrics[J]. PLoS One, 2011, 6(5): e19917.

等，也经常有人使用。

2.5.3 科学计量学方法的应用领域

科学计量学的研究内容非常广泛，典型的研究内容主要有：科学研究的生产率问题研究；学科之间的关系以及学科内部的结构问题研究；学科发展趋势研究；科研绩效评价研究；科学活动规律研究；科学计量学在科技评价与管理中的各种应用研究等。

科学计量学方法的应用方面，目前开展得较多的主要有以下几个领域。①

（1）科学发展研究方面的应用

科学发展研究方面的变化主要反映在科学文献的各种变化上，因为任何一项研究，其最终结果一般都会以文献的形式表现出来，因此，根据文献的内容构成和数量变化规律，就可以归纳、总结、分析和评价科学发展的历史和现状，以及预测其未来的发展态势。具体来说主要有以下几方面：科学文献量的变化可以反映科学发展的程度及其所处的阶段；科学文献量的国家、地区或语种分布可以反映不同国家、地区科学发展方面的研究力量和优势；科学文献量的增减变化速度可以反映科学发展的速度；科学文献量的突变可以反映科学发展的转折性变化；等等。同时，科学计量学对科学文献规律的揭示和描述，也能够反映科学发展的一定面貌、特点和规律。因此，通过科学计量学方法，可以开展科学发展特点的研究、科学发展态势的研究、科学结构的研究、科学技术史的研究。

（2）期刊评价方面的应用

从科学计量学视角开展期刊评价的主要目的是通过对学术期刊的发展态势和增长趋势的量化研究，揭示科学文献数量在各种期刊中的分布规律，从而为优化学术期刊的配置和使用提供依据。从期刊评价的理论基础看，布拉德福定律、加菲尔德文献集中定律、普赖斯的文献老化指数和引文峰值理论，共同构

① 邱均平，赵蓉英，董克，等. 科学计量学[M]. 北京：科学出版社，2016：381-419.

成了从科学计量学视角开展期刊评价的理论基础，同时也基本决定了期刊评价的指标体系构成。目前，使用较多的指标主要有发文数、总被引次数、当年被引次数、影响因子、被引半衰期等。

（3）人才评价方面的应用

人才是推进国家各项事业发展的宝贵资源，因此，如何识别和评价人才是一个重要课题。人才的德、能、勤、绩总是会通过各种方式表现出来，因而就为我们识别和评价人才提供了各种途径和方法。科学计量学在人才评价方面主要通过对科研投入和科研产出两个层面的计量研究来进行，这主要基于以下两个基本原理：一是在科学活动中，科研投入的多少直接决定着科学人才的研究条件和物质保障情况，并和科学人才的成就与参与项目的数量和层次，以及拥有的科研经费等息息相关；二是在科学活动中，科研产出是衡量科学人才水平和成就的重要指标。在人才评价方面，目前使用得较多的科学计量学指标主要有发文数、被引数、H 指数等。

（4）国家、地区、机构评价方面的应用

国家、地区、机构方面的评价是科学计量学的重要组成部分，这一领域的研究对被评价对象在世界或国内或某一领域内的位置和实力的评估、发现被评价对象的优势和不足、制定未来的发展战略等都具有重要的参考价值。目前用于这方面的科学计量学指标主要有发表论文的数量、第一作者人数、论文的学科分布、论文的总被引数、论文的平均被引数、零被引论文数及其百分比、高被引论文数及其百分比、发明专利数、进入 ESI（基本科学指标数据库）排行的学科数、高被引学者数等。

（5）科技政策评价方面的应用

科技政策是一个国家在一定时期，为实现政治、经济和社会的总体目标，在科技领域内所采取的指导方针和行动准则。它既包括全局性的科技发展战略，即科技发展总目标、总任务，也包括局部的、临时性的策略，以及为完成总的战略目标而制定的各项具体实施方针和策略原则。科技政策评价的目的是为管理决策部门把握正确的政策取向，采取恰当、有力的措施，并及时根据贯彻落实情况加以跟踪调整等提供依据。从科学计量学视角开展的科技政策评价，主要是通过对科技投入和科技产出的定量研究来分析科技政策目标、内容、手段和措施的有效性、合理性、可行性，科技政策实施的综合影响和效果，以及影响科技政策作用发挥的主客观因素与对策建议等。

2.5.4 科学计量学理论与评价及评价事业研究

综上所述，科学计量学作为一门主要应用数学方法对科学的各个方面和整体进行定量研究，以解释其发展现状、发展态势和发展规律的科学，无疑也适用于我国评价事业的发展研究，加之近年来我国在文献数据库建设上的不断努力、各种科学计量分析方法及工具和软件的不断丰富与升级换代，尤其是我国在评价科学研究领域的成果已比较丰富，都使得从科学计量学视角进行我国评价事业的发展研究，不仅是适合的和可行的，而且是必要的和急迫的。

本书之所以选择从科学计量学视角进行我国评价事业的发展研究，主要也是基于上述分析。

2.6 我国评价事业发展研究的基本框架构建

根据前文已述可知，目前学界尚很少有人使用“评价事业”这一概念，也很少有人在这个层面上开展相关问题的研究，不仅尚缺乏系统性的研究成果，而且评价事业的概念、评价事业发展研究的范围、评价事业发展研究的分析框架等也少有提及，很难找到直接可以借鉴的相关资料。因此，为了后续研究的系统展开，下面先进行评价事业发展研究基本框架的构建。

前已述及，本书将“评价事业”理解为组织化、规模化和制度化的评价活动，是由评价主体、评价客体、评价方法、评价法规制度、评价过程、评价监督以及评价的理论研究等一系列与评价活动相关的各种要素构成的总和。因此，从内容来看，笔者认为评价事业的建设与发展主要应该包括评价理论的研究、评价人才队伍（含人员和机构）的培养与建设、评价活动（含评价科学研究活动）的组织与开展、评价政策法规的供给、评价产业的培育与发展（含评价数据库的建设与完善）等几个方面。本书主要从科学计量学的视角对我国评价事业发展进行研究，因此，一方面要尽量使本书构建的基本框架能够比较全面地覆盖我国评价事业所包含的内容；另一方面要充分考虑数据的可获得性、科学计量学工具和方法的适用性、对评价事业各种要素和活动进行计量分析的必要性和价值大小等多种因素。为此，针对目前我国评价事业的发展现状，本书构建了评价事业发展研究的科学计量分析框架（图 2-3）。

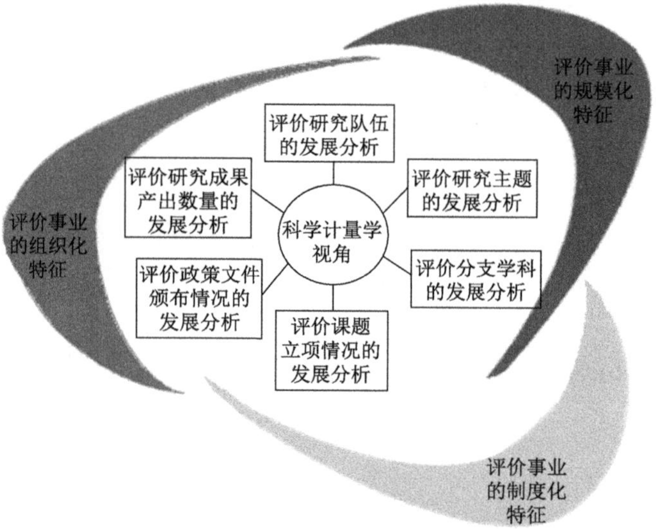

图 2-3 评价事业发展研究的科学计量分析框架

当然，值得指出的是，上述框架的构建应该是相对稳定的，但又不应该是固定不变的，它应该而且也必须根据我国评价事业的发展和科学计量分析方法与工具的进一步发展而变化。

第三章

评价研究成果产出数量的发展分析

研究成果的发表是我国评价事业发展中的重要一环，在学界，科学研究成果的主要形式有期刊论文、硕博士学位论文、会议论文、学术图书、标准、专利等。鉴于评价领域研究的特性，本章拟通过对我国评价研究领域的期刊论文、硕博士学位论文以及学术图书的产出数量进行计量分析，从而归纳出我国评价领域研究成果产出数量的发展现状、发展特征和发展趋势方面的一些规律性结论。

3.1 数据来源和研究方法

本章的研究数据分为两大类：论文类数据和图书类数据。其中论文类数据又分为期刊论文数据和硕博士学位论文数据，分别来自中国知网期刊论文数据库和中国知网学位论文数据库。图书类数据主要来自中国国家图书馆联机公共目录查询系统，同时考虑到国家图书馆对1949年前的著作收录得不够完整，笔者又有针对性地选择了瀚文民国图书库（http://www.hwshu.com）和读秀学术搜索（http://www.duxiu.com/）作为检索的补充渠道。

在此值得一提的是，学术图书、学术著作、学术专著等是学术研究活动和学术研究成果的重要呈现载体，是社会发展中极其重要的信息资源。然而，目前学界、出版界、管理界对这些概念的理解还不统一，在实际使用中也经常出现混淆，进而给各方面的工作带来了不便。为此，叶继元通过概念分析法，专门对当前我国各种形态的学术出版物实体进行了分析和辨别，认为将这三个术语看成同义词或同位词是不合适的，而应将学术图书作为上位概念，学术著作、学术专著等作为下位、再下位概念。学术图书主要是指内容涉及某学科或某专业领域，具有一定创新性，对专业学习和研究具有价值的图书，包括学术著作、学术专著、学术论文汇编、大学及以上程度的教材/教科书和参考书、某学科的百科全书等工具书、学术随笔等。[①]根据本书的研究目标和数据来源，本书统一使用“学术图书”这一概念。

论文类数据之所以选择中国知网数据库，主要是考虑到中国知网数据库是目前我国最大的连续动态更新的中国学术文献数据库，包括学术期刊、硕博士学位论文、会议论文、报纸、年鉴、专利、国内外标准、科技成果、经济统计

① 叶继元. 学术图书、学术著作、学术专著概念辨析[J]. 中国图书馆学报，2016，42（1）：21-29.

数据、工具书、图片等中文资源以及 Springer 等外文资源。其中学术期刊论文数据收录年限为 1915 年起至今，部分期刊可回溯至创刊，内容覆盖各学科领域，数据每日更新①，因此最能够满足研究的需要。

图书类数据选择中国国家图书馆联机公共目录查询系统的理由是，相比于国内其他图书馆或数据库来说，目前该数据库系统所收录的学术图书是最为齐全的。

数据的具体检索方式是：在中国知网中，笔者以“评价”和“评估”作为检索词，分别在期刊论文数据库和学位论文数据库中对篇名中包含这两个检索词的文献进行精确检索，结果获得了 1915—2017 年符合检索条件的期刊论文 626 055 篇，硕博士学位论文 107 604 篇（检索日期为 2017 年 5 月 27 日至 6 月 5 日）。

在中国国家图书馆联机公共目录查询系统中，笔者同样以“评价”和“评估”作为检索词进行“正题名”检索，共检索出相关学术图书 14 368 部。在读秀学术搜索和瀚文民国图书库中，以同样方式检索，共检索出相关学术图书 10 部。下载上述各类数据，经过数据清洗和剔除重复数据后，共剩下 14 088 部学术图书（检索日期为 2017 年 5 月 28 日至 6 月 5 日）。

本章的研究方法是通过研究成果产出数量的年度分布统计，归纳总结出我国评价事业发展中科学研究成果数量增长方面的发展现状、发展特征和发展趋势等的规律性结论。

3.2 基于期刊论文产出数量的计量分析

期刊论文评价研究成果产出数量的年度分布情况见表 3-1 和图 3-1。因 2017 年的论文仅录入了一小部分，故表中数据加括号予以标示。

① 中国知网. CNKI 工程[EB/OL]. http://cnki. net/gycnki/gycnki.htm[2017-05-28].

表 3-1 期刊论文评价研究成果产出数量的年度分布

年　份	1935	1936	1946	1949	1950	1951	1952	1953	1954
论文数/篇	0	1	1	0	0	2	1	5	9
年　份	1955	1956	1957	1958	1959	1960	1961	1962	1963
论文数/篇	9	23	44	46	69	44	17	34	49
年　份	1964	1965	1966	1967	1968	1969	1970	1971	1972
论文数/篇	100	74	22	2	0	0	1	0	14
年　份	1973	1974	1975	1976	1977	1978	1979	1980	1981
论文数/篇	33	86	121	111	141	228	428	599	737
年　份	1982	1983	1984	1985	1986	1987	1988	1989	1990
论文数/篇	968	1141	1341	1652	2265	2612	2776	3008	3200
年　份	1991	1992	1993	1994	1995	1996	1997	1998	1999
论文数/篇	3644	4144	4227	6171	6735	7217	7737	8249	9274
年　份	2000	2001	2002	2003	2004	2005	2006	2007	2008
论文数/篇	10 029	11 366	13 093	15 644	18 397	21 877	25 926	29 353	32 461
年　份	2009	2010	2011	2012	2013	2014	2015	2016	2017
论文数/篇	35 515	37 994	40 147	42 266	45 358	47 979	50 945	52 302	（15 224）

注：检索日期为 2017 年 6 月 1 日。

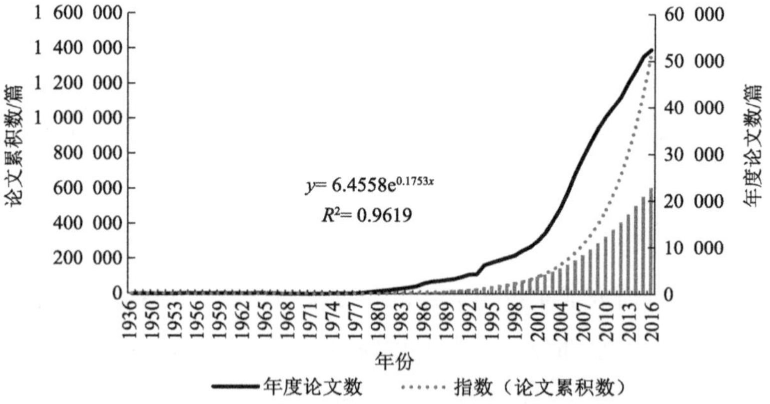

图 3-1　1936—2016 年期刊论文数量的变化情况

由表 3-1 可知，我国在篇名中使用“评价”或“评估”的期刊论文最早出现在 1936 年，经查是金则人发表在《世界知识》上的《国际联盟的再评价》一文。另几篇较早的论文是：1946 年，金则人发表在《世界知识》上的《雅尔塔协定再评价》；1951 年，嵇文甫发表在《新史学通讯》上的《封建人物九等论——从武训传讨论所引起的历史人物评价问题》《历史人物的评价问题（二月十八日对新史学会河南分会演讲）》；1952 年，漆侠发表在《历史教学》上的《关于史可法的评价问题》；等等。

为了进一步了解我国早期发表的评价研究成果，笔者又通过中国知网学术期刊库，以“评价”和“评估”作为检索词进行了全文检索，检索出最早出现“评价”一词的文献是张德昌先生于 1932 年发表在《清华大学学报（自然科学版）》上的《明代广州之海舶贸易》。该文中有一段说：“乾隆四十二年广州抚院有一件批文说，洋行商人只应评价销货，不应运货往各省发卖：‘夷人到广，货物繁多，虽不能一时全数销售，但各省客商来广装卖洋货者亦复不少……所称（洋行商）代为转运往各省发卖，始能归楚，殊不思行户只应评价销货，岂有运卖之理？’这一段话很可说明牙行性质之转变情形。”该文中同时还使用了“评估”一词：“明代蕃商之来广州贸易者，须由牙行为报官抽分，而后贸易。这到清朝就变为洋行商人。官立牙行慢慢变成商人，这一段过程是很有兴味的。牙行管报官抽分，评估价。”①

同在 1932 年，浦薛凤发表的 2 篇论文中也都使用了“评估”一词，其中一篇为发表在《清华大学学报（自然科学版）》上的《美法革命之政治思想》，该文写道：“今先将此期之私人文字与公众决议，择要叙陈，再将此项根据宪法之理论加以分析评估。”②另外一篇同样发表在《清华大学学报（自然科学版）》上，题目为《英国功利主义派之政治思想》，该文中有这样一段话：“边沁谨慎自守，与人无忤，恰与卢梭相反，而精神康健，享寿八十有四。彼之评估事物不与流俗苟同者，本理智而不本情感。”③这其实是作者浦薛凤对边沁的评价，

① 张德昌. 明代广州之海舶贸易[J]. 清华大学学报（自然科学版），1932，（2）：123-140.
② 浦薛凤. 美法革命之政治思想[J]. 清华大学学报（自然科学版），1932，（2）：141-273.
③ 浦薛凤. 英国功利主义派之政治思想[J]. 清华大学学报（自然科学版），1932，（S1）：349-458.

属于人物评价的范畴。据此，我们可以大致推定，至迟在 20 世纪 30 年代，中国学术界已开始使用“评价”一词。

由表 3-1 和图 3-1 还可以清楚地看出，虽然我国评价研究的期刊论文的发表可以追溯到 20 世纪 30 年代，但在 20 世纪 70 年代末以前，期刊论文的发表数量一直较少，这种状况一直到 1979 年以后才开始转变。1980 年，论文数量近 600 篇，1983 年，论文数量突破千篇大关，2000 年，论文数量突破万篇大关，并在 2016 年达到 52 302 篇的发文量高峰。从拟合曲线看，论文数量的增长符合普赖斯指数增长规律，而且拟合程度很高，R^2=0.9619。该年可以利用的论文总量可以表示为公式（3-1）

$$y = 6.4558e^{0.1753x} \tag{3-1}$$

式中，x 为时间，以年为单位；y 为第 x 年的论文累积量，就是所统计的该年与该年之前发表的论文数量之和。

如果考虑到 1979 年前的论文发表数量较少，且数据也不太稳定，而只绘制 1980—2016 年的论文数量变化曲线的话，则可得到图 3-2。

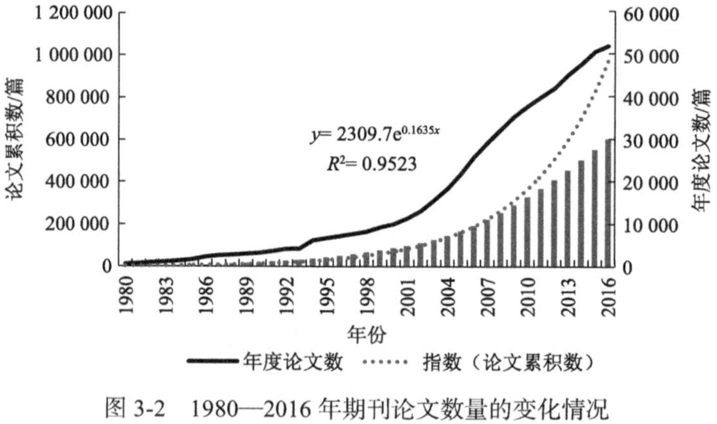

图 3-2 1980—2016 年期刊论文数量的变化情况

由图 3-2 可知，1980—2016 年，期刊论文数量的增长同样符合普赖斯指数增长规律，而且拟合程度也比较高，R^2=0.9523。该年可以利用的论文总量可以表示为公式（3-2）

$$y = 2309.7e^{0.1635x} \tag{3-2}$$

显然，1980—2016 年连续 30 多年期刊论文数量的快速增长，无疑说明我国的评价研究得到了蓬勃发展，并取得了巨大发展。但文献数量的不断增长，归根结底反映的是社会发展对评价事业的需求度越来越大。

综上可知，如果从 20 世纪 30 年代算起的话，那么我们可以说，我国的评价研究已经走过了约 90 年的历史。如果单从文献数量增长的角度对评价研究的历史做一个分期，笔者认为大致可以分为三个时期：第一个时期是从 20 世纪 30 年代到 20 世纪 70 年代末，可以称之为早期发展时期，该时期评价研究成果的产出数量较少；第二个时期是从 20 世纪 70 年代末 80 年代初到 20 世纪末，可以称之为初期发展时期，表现为评价研究成果产出数量逐年增加；第三个时期是从 21 世纪初开始到现在，可以称之为快速发展时期。

3.3 基于学位论文产出数量的计量分析

学位论文评价研究成果产出数量的年度分布情况见表 3-2 和图 3-3。因 2017 年的学位论文仅录入了一小部分，故表中数据予以加括号标示。

表 3-2 学位论文评价研究成果产出数量的年度分布（1988—2016 年）

单位：篇

年 份	1988	1989	1990	1991	1992	1993	1994	1995	1996	1997
博士论文	0	1	2	3	1	1	3	5	6	6
硕士论文	1	1	0	0	0	0	0	0	0	0
合计	1	2	2	3	1	1	3	5	6	6
年 份	1998	1999	2000	2001	2002	2003	2004	2005	2006	2007
博士论文	7	7	29	49	86	130	231	308	420	559
硕士论文	1	7	88	295	722	1084	1845	2691	3866	5037
合计	8	14	117	344	808	1214	2076	2999	4286	5596

续表

年 份	2008	2009	2010	2011	2012	2013	2014	2015	2016	2017
博士论文	567	657	747	776	805	800	852	730	576	（12）
硕士论文	5388	5888	6634	7551	8821	9333	10163	10017	8943	（122）
合计	5955	6545	7381	8327	9626	10133	11015	10747	9519	（134）

注：两个数据库收录学位论文的时间下限为 1988 年；检索日期为 2017 年 5 月 28 日。

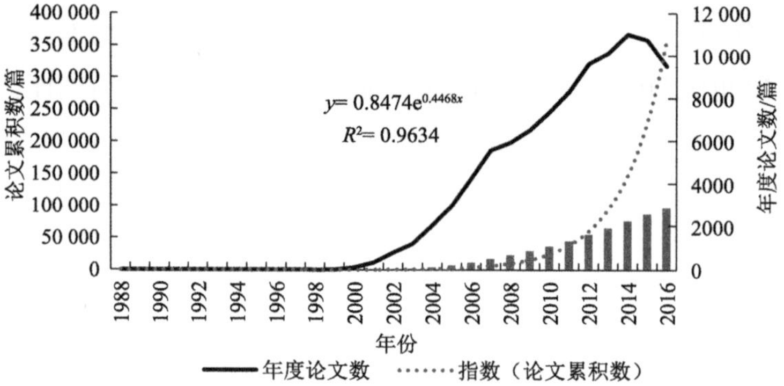

图 3-3 学位论文数量的年度变化情况

由表 3-2 和图 3-3 可知，虽然 2000 年以前，国内已出现了一些评价研究类学位论文，但真正的起步时间可认为是从 2000 年开始的，因为自此之后，评价研究类学位论文基本呈一路攀升趋势，最高峰出现在 2014 年，达到 11 015 篇。从拟合曲线看，学位论文数量的增长也符合普赖斯指数增长规律，而且拟合程度很高，R^2=0.9634。该年可以利用的学位论文总量可以表示为公式（3-3）

$$y = 0.8474e^{0.4468x} \tag{3-3}$$

式中，x 为时间，以年为单位；y 为第 x 年时的学位论文累积量，就是所统计的该年与该年之前的学位论文数量之和。

另外，经查阅得知，1988 年出现的第一篇硕士论文是华南理工大学易建峰的《气相苯加氢 Pt/Al_2O_3 催化剂的研制及加压微反评价》，1989 年出现的第一篇博士论文是中国协和医科大学王禾的《腹部手术后粘连的预防——实验动物腹腔内用药的评价》。

3.4 基于学术图书产出数量的计量分析

学术图书评价研究成果产出数量的年度分布情况见表 3-3 和图 3-4。

表 3-3 学术图书评价研究成果产出数量的年度分布（1929—2016 年）

单位：部

年 份	1929	1930	1932	1935	1936	1939	1940	1943	1945
图书数	1	1	1	2	1	1	2	1	1
年 份	1954	1955	1956	1957	1958	1959	1960	1961	1962
图书数	3	2	3	3	2	5	1	1	2
年 份	1963	1964	1965	1966	1967	1968	1969	1970	1971
图书数	3	9	5	7	0	0	0	1	0
年 份	1972	1973	1974	1975	1976	1977	1978	1979	1980
图书数	3	2	2	1	0	4	0	7	12
年 份	1981	1982	1983	1984	1985	1986	1987	1988	1989
图书数	13	20	16	23	21	35	50	26	39
年 份	1990	1991	1992	1993	1994	1995	1996	1997	1998
图书数	43	60	102	111	120	127	119	118	150
年 份	1999	2000	2001	2002	2003	2004	2005	2006	2007
图书数	189	178	205	295	339	431	503	501	582
年 份	2008	2009	2010	2011	2012	2013	2014	2015	2016
图书数	637	685	955	1197	1238	1210	1361	1272	1027

注：检索日期为 2017 年 5 月 9 日。

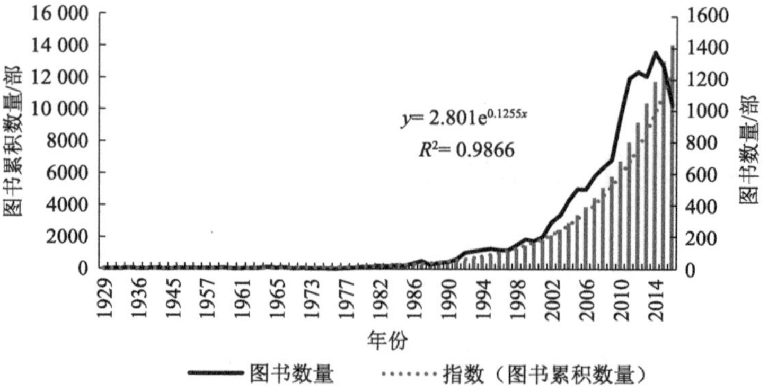

图 3-4　学术图书数量的年度变化情况

该图横轴年份由制图软件自动生成

由表 3-3 和图 3-4 可知，我国最早出版的评价类学术图书出现在 1929 年，经查是叶法无出版的《文化评价 ABC》一书，但后经笔者查阅后得知，该书的初版时间实际上是 1928 年，见图 3-5（图片为笔者拍摄）；另一本出版时间较早的学术图书是胡怀琛于 1930 年出版的《中国文学评价》，见图 3-6。

图 3-5　《文化评价 ABC》封面

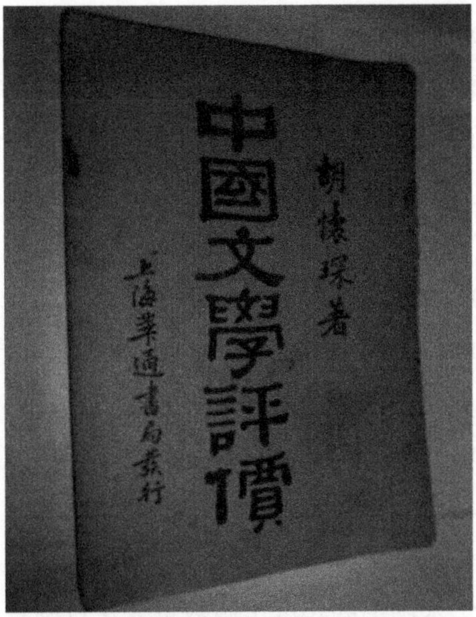

图 3-6 《中国文学评价》封面

由表 3-3 和图 3-4 我们还可观察到，1979 年以前，我国出版的评价类学术图书极少，每年都停留在个位数，甚至是一部都没有。比如，在 1949 年以前，共出版了 11 部；1949 年新中国成立后到 1979 年（包括该年），共出版了 66 部，每年平均只出版 2 部多。直到 1980 年，才首次超过了 10 部，并自此开始基本保持逐年增长的态势，到 1992 年超过了 100 部，2001 年开始超过了 200 部，直至 2011 年迈过了 1000 部大关，2014 年达到了一年出版 1361 部的高峰。

从拟合曲线看，学术图书数量的增长也符合普赖斯指数增长规律，而且拟合程度也比较高，R^2=0.9866。该年可以利用的学术图书总量可以表示为公式（3-4）

$$y = 2.801\mathrm{e}^{0.1255x} \tag{3-4}$$

式中，x 为时间，以年为单位；y 为第 x 年的学术图书累积数量，就是所统计的该年与该年之前的学术图书数量之和。

按照图 3-4 显示的年度学术图书出版数量，我国的评价研究历史大致可以分为以下四个阶段。

第一阶段是 1979 年以前。在该阶段，每年出版的学术图书数量几乎是个位数，甚至是 0，出版数量最多的是 1964 年，共出版了 9 部。

第二阶段是 1980—1999 年。在该阶段，1980 年的出版数量是 12 部，首次超过了 10 部，且自此以后，学术图书出版数量基本呈逐年增长趋势，发展到 1992 年，首次超过了 100 部大关，1999 年达到了 189 部。

第三阶段是 2000—2009 年。该阶段是评价类学术图书出版数量增长速度最为迅猛的十年，从 2000 年的 178 部增长到 2009 年的 685 部，年均增长率达到了 16.15%。

第四阶段是 2010—2016 年。该阶段的主要特征是，除 2010 年外，年出版数量达到了 1000 部以上，但同时也开始出现滞涨现象，呈现出一种“高位盘整状态”。出版数量最多的年份是 2014 年，达到了 1361 部。

从上述四个阶段学术图书的年度出版数量变化轨迹看，可以将这四个阶段分别命名为我国评价研究的“早期发展阶段”、“初期发展阶段”、“迅速发展阶段”和“繁荣发展阶段”。当然，上述四个阶段的划分是相对的，如也可以将第三阶段和第四阶段合并为一个阶段，命名为“迅猛发展阶段”。

3.5 本章结论

综合上述三类数据的检索和统计分析，可以得出以下几点结论。

1）我国开展评价研究的时间，至迟在 20 世纪 30 年代已经开始。如果从那时起开始计算，那么我国开展评价科学研究的历史已走过了约 90 年的历程。

2）无论是期刊论文、学位论文还是学术图书，其数量增长规律均符合普赖斯指数增长规律。其中，1936—2016 年期刊论文数量增长与时间的函数关系为 $y=6.4558e^{0.1753x}$，1980—2016 年期刊论文数量增长与时间的函数关系为 $y=2309.7e^{0.1635x}$；1988—2016 年学位论文数量增长与时间的函数关系为

$y=0.8474e^{0.4468x}$；1929—2016 年的学术图书数量增长与时间的函数关系为 $y=2.801e^{0.1255x}$。上述公式中，x 为时间，以年为单位；y 为第 x 年时的文献累积量，就是所统计的该年与该年之前的文献数量之和，即该年可以利用的文献总量。

3）按照各类研究成果数量的变化轨迹，我国的评价科学研究历史大致可以分为三个阶段。

第一阶段是改革开放以前（具体时间可以 1979 年为限）。该阶段每年发表的学位论文数和出版的学术图书数都较少，甚至有的年份为 0。如果进一步细分，还可以将该阶段划分为“1949 年以前”和“1949—1979 年”这两个阶段，从整体看，前一阶段在数量上极少。

第二阶段是 20 世纪 70 年代末 80 年代初开始到 20 世纪末（具体时间可划为 1980—1999 年）。在该阶段，我国的评价科学研究开始起步，并基本呈现出逐年增长趋势。

第三阶段是 21 世纪以来至今（具体时间可划为 2000 年至今）。该阶段是评价科学研究增长速度最为迅猛的时期。如果对此阶段进一步细分，也可以将其划分为 2000—2009 年和 2010 年至今这两个阶段，其中前一阶段的主要特征是“迅速发展”，后一阶段的主要特征是“高位繁荣”。

从上述三个阶段评价研究成果的产出数量特征来看，可以将这三个阶段分别命名为我国评价科学研究的“早期发展阶段”、“初期发展阶段”和“迅猛发展阶段”。相应地，笔者认为，我国评价事业的发展历程大致也可以按上述三个阶段划分。

4）从时间轴发展的角度看，评价研究成果数量总体上表现出各年代发展速度不均衡的特征。具体表现为：评价研究成果的产出数量和时代特征密切相关。当国家、社会和经济处于动荡时期时，如 1949 年前的战争年代、“文化大革命”等特殊时期，评价研究成果的产出数量就少；而当国家、社会和经济的发展处于稳定发展时期时，评价研究成果产出数量的增长速度就较快。

5）单从评价研究成果产出数量的角度看，经过改革开放 40 多年的发展，我国的评价科学研究已经取得了比较大的成绩，我国的评价事业也取得了比较好的发展。

第四章

评价研究队伍的发展分析

研究队伍是推动一项事业持续发展的主要力量。开展评价研究队伍的计量分析，一方面有利于我们了解我国评价领域研究力量的分布情况和发展趋势，进而为提出有针对性的推动我国评价事业发展的策略提供科学依据；另一方面有利于我们从侧面考察我国评价实践中评价主体的发展态势。因此，本章从科学计量学的视角对评价研究队伍（包括作者和机构）进行计量分析。

4.1 数据来源和研究方法

评价研究的主要成果是期刊论文和学术图书。相对来说，期刊论文的篇幅较短，完成速度较快，利于研究成果在较短时间内面世，因此被认为是学术研究成果的即时性展示，而学术图书则是学术研究成果的延时性综合。可以说，在期刊出版业已经很繁荣的今天，在学界有不曾出版过学术图书的学者，但难见不曾发表过期刊论文的学者。[①]因此，本章主要通过统计分析我国评价研究领域的期刊论文数据，来探讨我国评价事业中研究队伍的基本情况及发展态势，主要研究内容包括三方面：①核心期刊论文作者的统计分析；②核心期刊论文作者所属机构的统计分析；③核心期刊论文的合著情况分析。

本章的数据来源于中国知网期刊论文数据库，具体检索途径是篇名中含有“评价”或“评估”的核心期刊论文，时间范围为1992—2016年。这样选择数据来源的理由主要有两点：①评价研究的相关期刊论文数量庞大，为了使统计的数据具有较高的质量，将期刊论文来源限定为核心期刊；②相对来说，我国的科学研究期刊论文数量是在20世纪90年代才开始快速增长的，在此以前的论文总量较小。另外，中国知网核心期刊论文数据的收录起始于1992年，因此，本章将数据样本的起始时间也确定为1992年。

依据上述检索途径和限定条件，共获得期刊论文198 494篇。在完成题录数据的下载后，为了保证后续统计分析的质量，笔者又对所有数据进行了清洗，主要工作包括：剔除了会议通知、书讯、征订启事等没有作者信息的文献；删除了一稿两用等因各种原因产生的重复性数据。经过上述步骤的处理后，共得到191 050篇有效论文数据，将其作为本章计量分析的依据。核心期刊论文的

① 王续琨，等. 管理科学学科演进论[M]. 北京：人民出版社，2012：441.

年度数量分布见图 4-1。

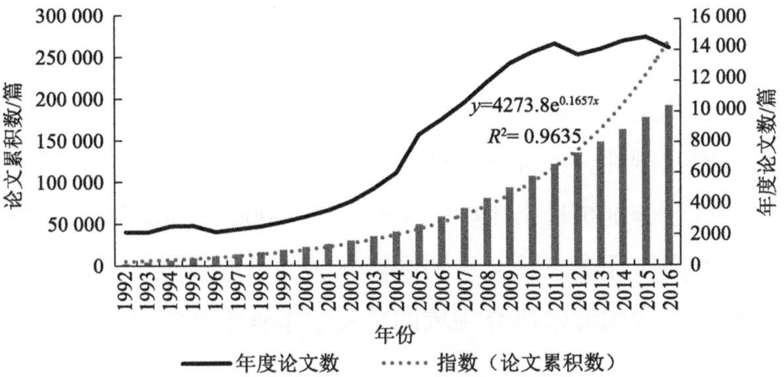

图 4-1 核心期刊论文的年度数量分布

由图 4-1 可知，我国评价研究的核心期刊论文数量的增长也符合普赖斯指数增长规律，而且拟合程度很高，R^2=0.9635。该年可以利用的核心期刊论文总量可以表示为公式（4-1）

$$y = 4273.8e^{0.1657x} \tag{4-1}$$

式中，x 为时间，以年为单位；y 为第 x 年的核心期刊论文累积量，就是所统计的该年与该年之前发表的核心期刊论文数量之和。

4.2 核心期刊论文作者的计量分析

作者统计是分析科学研究队伍最基本、最重要的一项工作，但由于数据量庞大，原始数据本身又存在各种各样的误差，如同名同姓现象的存在；作者姓名中容易导致错误的各种同音字或异体字的存在，如侯-候、邢-刑、凤-风、岐-歧、蒋-将、建-健、健-键、峰-锋、萧-肖、晓-小、虹-红等；同一个作者有多个工作机构及同一个机构又有多种不同名称现象的存在，如××省社会科学院、×

×社会科学院、××省社科院、××社科院等。这些因素都决定了要对庞大的数据进行精确的统计在实践上并不容易。

为此，根据本书的研究目标，本章计划主要从两个层面和视角来研究评价领域作者的分布及发展态势：一是分析统计论文第一作者人数的历年变化情况，主要目的是考察我国评价研究队伍的规模发展情况及其演变发展规律；二是按照第一作者的口径分别统计出 1992—1999 年、2000—2009 年、2010—2016 年这三个时间段的高产作者，并对这些高产作者的来源单位、学科领域、活跃期进行分析，以研究我国评价研究领域的主要学术骨干和学科带头人分布及演变发展态势与规律。

4.2.1 论文第一作者人数的历年变化分析

按第一作者进行统计，发现 191 050 篇论文中共出现 112 115 个不同作者的姓名，每名作者平均署名的论文数为 1.7 篇。值得指出的是，尽管笔者在进行数据统计时，也采用了多种鉴别方法，如对高产作者逐个进行人工判别，但在大规模数据的统计中，很难对同名同姓的作者进行一一鉴别并加以消除，因此，实际的作者人数会略超 112 115 这个数，而人均论文篇数也会略低于 1.7 篇。1992—2016 年论文第一作者人数的分布情况见图 4-2。

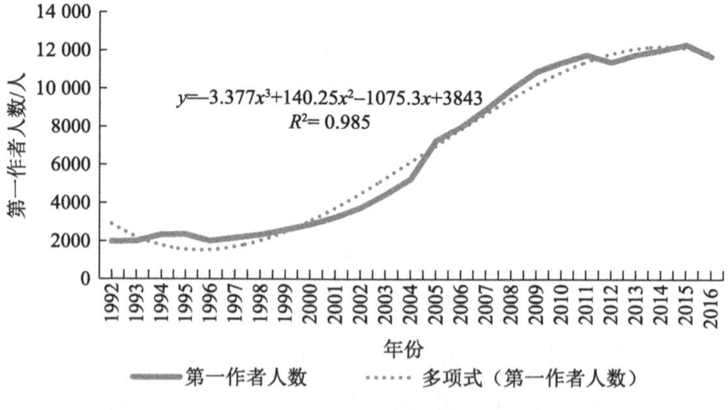

图 4-2 论文第一作者人数（1992—2016 年）

多项式（第一作者人数）是按数据规律模拟计算得到的第一作者数量

由图 4-2 可知，第一作者人数整体呈不断增长的趋势，这在一定程度上显示了我国评价领域研究队伍不断壮大的趋势，也从侧面反映了我国评价领域评价主体规模不断扩大的趋势。从具体数据看，1992 年，以第一作者身份在核心期刊发表过论文的作者数量是 1979 人，2003 年开始超过 4000 人，翻了一番；到 2006 年，达到了 8006 人，比 2003 年翻了一番；到 2009 年，则突破了 10 000 人大关，达到了 10 897 人，2015—2016 年大致在 12 000 人。从图 4-2 可以看出，历年第一作者人数的变化整体呈现为一个比较扁平的 S 形，而从拟合曲线看，作者人数与时间的关系呈现为多项式函数关系，可表示为公式（4-2）

$$y=-3.377x^3+140.25x^2-1075.3x+3843 \quad (4\text{-}2)$$

式中，x 为时间，以年为单位；y 为第 x 年的作者人数。$R^2=0.985$，说明作者人数与时间的拟合程度较高。

4.2.2 按第一作者计算的高产作者分布及发展态势

经统计，112 115 名作者中，以第一作者身份发表过 1 篇核心期刊论文的作者有 80 992 人，发表过 2 篇的作者有 17 220 人，发表过 3 篇的作者有 6032 人，三者合计共占第一作者总数的 92.98%。发表核心期刊论文数量最多的是武汉大学的邱均平，发文量为 72 篇；第二名是宁波大学的俞立平，发文量为 56 篇。发文数量在 16 篇及以上的 59 位高产作者名单见表 4-1。

表 4-1 按第一作者计算的高产作者 单位：篇

作者	主要署名机构	主要研究领域	1992—1999 年	2000—2009 年	2010—2016 年	论文总数
邱均平	武汉大学	科教评价	0	39	33	72
俞立平	宁波大学/中国科学技术信息研究所	科技评价	0	20	36	56
李祚泳	成都信息工程大学	环境影响评价	9	22	15	46
任宜勇	新疆气象局	天气评价	36	0	0	36
曾鸣	华北电力大学	能源评价	0	7	26	33
李如忠	合肥工业大学	环境影响评价	0	20	11	31

续表

作者	主要署名机构	主要研究领域	1992—1999年	2000—2009年	2010—2016年	论文总数
迟国泰	大连理工大学	评价方法	1	11	18	30
赵德成	北京师范大学	教育评价	0	18	12	30
陈新汉	华东师范大学/上海财经大学/上海大学	评价哲学	14	11	4	29
金菊良	合肥工业大学	水资源评价	0	23	6	29
蔡敏	辽宁师范大学	教育评价	0	22	5	27
武书连	中国管理科学研究院	大学评价	4	22	1	27
包国宪	兰州大学	政府绩效评价	0	16	10	26
刘希宋	哈尔滨工程大学	评价方法	0	25	1	26
尚虎平	兰州大学/苏州大学	政府绩效评价	0	4	22	26
郑方辉	华南理工大学	政府绩效评价	0	11	15	26
陈守煜	大连理工大学	水资源评价	2	17	6	25
孙才志	辽宁师范大学	水资源评价	1	5	18	24
王宗军	华中科技大学	企业评价、城市评价	11	12	1	24
武强	中国矿业大学	煤矿水文地质评价	0	15	9	24
汪全胜	山东大学	司法评价	0	14	9	23
周振民	华北水利水电大学	环境影响评价	0	8	15	23
周淑新	中国石油天然气集团公司中心医院	医药卫生评价	0	3	19	22
陈伟	哈尔滨工程大学	企业评价	0	10	11	21
张蕊	江西财经大学	企业评价	0	16	5	21
陈晓红	中南大学	企业评价、产业评价	0	14	6	20
黄鲁成	北京工业大学	企业评价、产业评价	0	13	7	20
姜春林	大连理工大学	人文社会科学评价	0	8	12	20
吴建南	西安交通大学	政府绩效评价	0	15	5	20
郭亚军	东北大学	综合评价	2	11	6	19
罗国忠	广西教育学院	教育评价	0	14	5	19
汪明武	合肥工业大学	地质评价、土壤评价	0	12	7	19
王瑛	湖南大学	科技评价	0	6	13	19

续表

作者	主要署名机构	主要研究领域	1992—1999 年	2000—2009 年	2010—2016 年	论文总数
范德成	哈尔滨工程大学	科技评价	0	12	6	18
付广	东北石油大学	矿产资源评价	3	10	5	18
梁志国	北京航空航天大学	仪器仪表评价	4	13	1	18
刘开第	河北工程大学	评价方法	1	11	6	18
马春燕	中国医科大学	医药卫生评价	0	13	5	18
宋子齐	西安石油大学	石油地质评价	8	7	3	18
谈毅	西安交通大学/清华大学/上海交通大学	科技评价	1	17	0	18
叶继元	南京大学	人文社科评价	0	8	10	18
张其志	韶关学院	教育评价	0	14	4	18
池国华	东北财经大学	企业评价	0	15	2	17
党亚茹	新疆大学/中国民航大学	科教评价	8	7	2	17
丁明	合肥工业大学	电力评价	3	10	4	17
刘传正	中国地质环境监测院	地质评价	0	4	13	17
彭国甫	湖南大学/湘潭大学	政府绩效评价	0	17	0	17
徐建中	哈尔滨工程大学	科技评价	0	7	10	17
张发明	南昌大学/东北大学	综合评价	0	3	14	17
赵彦云	中国人民大学	经济评价	3	11	3	17
杜彪	重庆三峡中心医院	医药卫生评价	0	2	14	16
范柏乃	浙江大学	科技评价	1	10	5	16
胡鞍钢	清华大学	经济评价、国家发展评价	2	7	7	16
刘兰芳	衡阳师范学院	农业灾害评价	0	11	5	16
任平	四川师范大学	土地评价	0	4	12	16
王战军	全国学位与研究生教育发展中心	教育评价	4	6	6	16
温素彬	南京理工大学	企业绩效评价	0	7	9	16
余建星	天津大学	工程评价、安全评价	1	11	4	16
周春喜	浙江工商大学	资产评价、经济评价	0	16	0	16

由表 4-1 可以归纳出以下几点结论。

1）从学科领域看，高产作者主要集中在环境影响评价、自然物资源评价、企业评价、经济评价、科技评价、教育评价、医药卫生评价、政府绩效评价等领域，其他还涉及人文社会科学评价、评价方法、评价哲学等学科领域。

2）从机构性质看，几乎所有机构都属于国家企事业单位编制，且尤以高校占绝大多数。

3）从最后一个阶段的发文情况看，该阶段仍然比较活跃的高产作者主要有武汉大学的邱均平、宁波大学的俞立平、成都信息工程大学的李祚泳、华北电力大学的曾鸣、大连理工大学的迟国泰、北京师范大学的赵德成、苏州大学的尚虎平、华南理工大学的郑方辉、辽宁师范大学的孙才志、华北水利水电大学的周振民、中国石油天然气集团公司中心医院的周淑新、大连理工大学的姜春林、湖南大学的王瑛、中国地质环境监测院的刘传正、南昌大学的张发明、重庆三峡中心医院的杜彪、四川师范大学的任平等。从前两个阶段的发文情况看，主要高产作者还有新疆气象局的任宜勇、合肥工业大学的李如忠和金菊良、上海大学的陈新汉、辽宁师范大学的蔡敏、中国管理科学研究院的武书连、哈尔滨工程大学的刘希宋等。

4）上述高产作者中，邱均平、俞立平的发文数量较多，两人的主要研究领域分别见图 4-3 和图 4-4（关键词频次≥2，共现频次≥1）。图中点的大小和标

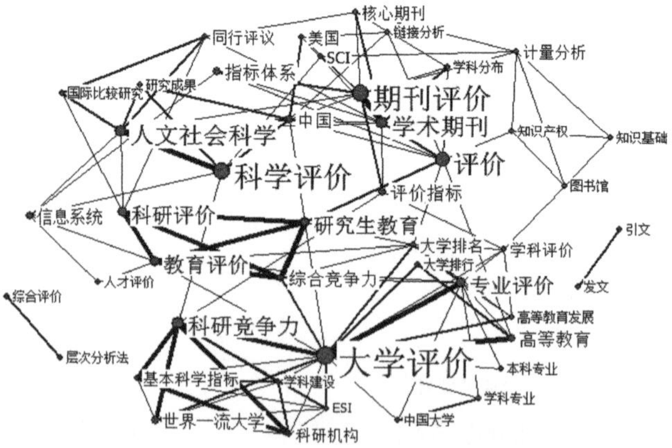

图 4-3　邱均平论文的研究主题知识图谱

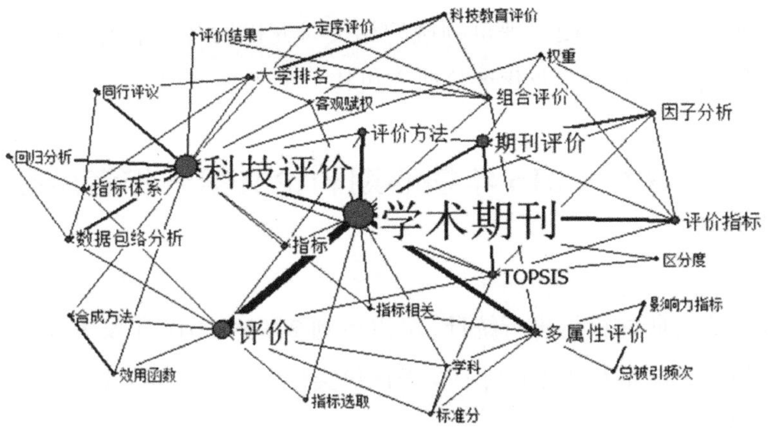

图 4-4　俞立平论文的研究主题知识图谱

签字号的大小代表论文关键词频次的高低，点和字号越大，表示该关键词的频次越高，反之则越低；线的粗细代表共现次数，线越粗，表示共现的次数越多，反之则越少。以下知识图谱图中点和字号的大小及线的粗细的含义同此。

4.3　核心期刊论文作者所在机构的计量分析

从理论上说，对作者所在机构进行统计是可行的，但实际上，由于有些署名方式不规范，要想精确地统计还是会碰到很多困难：署名机构的数量总量往往很大，可以达到几千，甚至有时达到几万；母体机构内部往往包括很多层的分支机构，因此统计到哪一层级为止有时很难统一确定，如对中国科学院系统所属机构的统计就经常碰到类似问题；机构名称的改名现象很普遍，且无法一一鉴别；署名中有的使用全称，有的使用简称；署名中出现错别字的现象也很常见。因此，要进行精确的大规模机构统计事实上并非一件容易的事。

鉴于上述原因，同时根据本书的总体研究目标，本部分在机构统计方面将着重从以下两个层面进行：一是重点统计 2014—2016 年评价类核心期刊论文的第一作者所在机构，以便对评价领域的相关研究机构有一个宏观的掌握；二是重点统计研究机构中“专业化评价研究机构”的发展情况。

4.3.1 2014—2016 年核心期刊论文第一作者所在机构的计量分析

按第一作者所在机构进行统计，可以得到 2014—2016 年发表评价类研究论文较多的机构，表 4-2 列出了其中发表评价类研究论文在 100 篇及以上的 83 个高产机构名单。

表 4-2 发表评价类研究论文较多的机构（2014—2016 年） 单位：篇

序号	机构	论文数量	序号	机构	论文数量
1	中国科学院	788	19	西北农林科技大学	221
2	北京大学	470	20	华中科技大学	217
3	中国地质大学	403	21	南京大学	216
4	四川大学	361	22	天津大学	214
5	上海交通大学	356	23	郑州大学	213
6	武汉大学	340	24	华南理工大学	211
7	中南大学	323	25	西南大学	207
8	北京师范大学	305	26	清华大学	200
9	中国石油大学	305	27	华北电力大学	196
10	中国矿业大学	287	28	首都医科大学	196
11	河海大学	286	29	空军工程大学	194
12	吉林大学	284	30	中国人民大学	186
13	浙江大学	260	31	北京林业大学	184
14	中国农业科学院	242	32	湖南大学	184
15	同济大学	240	33	中国农业大学	184
16	复旦大学	228	34	大连理工大学	181
17	重庆医科大学	226	35	南昌大学	175
18	长安大学	223	36	兰州大学	171

续表

序号	机构	论文数量	序号	机构	论文数量
37	中山大学	170	61	哈尔滨工业大学	116
38	西南交通大学	168	62	合肥工业大学	116
39	中国医科大学	168	63	暨南大学	115
40	重庆大学	167	64	中国海洋大学	110
41	山东大学	160	65	中国社会科学院	110
42	华东师范大学	159	66	北京科技大学	109
43	南京医科大学	154	67	北京理工大学	108
44	西南石油大学	152	68	福建农林大学	108
45	西安交通大学	149	69	南开大学	108
46	安徽医科大学	141	70	东北大学	106
47	北京交通大学	140	71	华南农业大学	106
48	东南大学	135	72	中国中医科学院	106
49	南京农业大学	135	73	江苏大学	105
50	河北农业大学	132	74	厦门大学	105
51	东北农业大学	129	75	四川农业大学	105
52	苏州大学	126	76	中国林业科学研究院	104
53	北京工业大学	125	77	贵州大学	103
54	南京信息工程大学	124	78	中国水产科学研究院	102
55	南方医科大学	122	79	福州大学	101
56	北京航空航天大学	119	80	河南理工大学	101
57	武汉理工大学	119	81	西北大学	101
58	西安建筑科技大学	119	82	中国医学科学院	101
59	新疆农业大学	117	83	中南财经政法大学	100
60	东北林业大学	116			

由表 4-2 可知，2014—2016 年的高产机构中发表评价类研究论文最多的是中国科学院，其次是北京大学。按机构的性质看，高校占了 83 个机构中的 76 个，而且绝大多数是“985 工程”、“211 工程”高校；其次是科研院所，共 7

个，分别是中国科学院、中国农业科学院、中国社会科学院、中国中医科学院、中国林业科学研究院、中国水产科学研究院和中国医学科学院。表 4-2 列出的高产机构中没有出现企业性质的单位，这说明我国评价领域的研究力量主要集中在高校和科研院所。

4.3.2 专业化评价机构的计量分析

评价活动具有综合性、普遍性，几乎各学科领域都涉及评价问题的相关研究，因此，发表的核心期刊论文数量多，也并不一定意味着该单位的研究力量强，只能说明该单位的规模大。从这个意义上说，通过表 4-2 并不能得出多少有意义的结论。笔者认为，相对而言，进行专业化评价机构的统计分析的意义更大，因为学科的发展要靠人，特别是专攻型学者。专业化评价机构在理论研究、咨询服务、人才培养、学科建设等方面发挥着重要作用，我国评价事业的发展在很大程度上也正是依托了这些专业化评价机构的发展而逐渐发展起来的。例如，我国人文社会科学评价领域就陆续出现了以中国社会科学院、南京大学、武汉大学、中国人民大学、北京大学等为代表的专业化评价研究机构。有学者认为，这些专业化评价机构在评价理论、方法、工具、成果等各方面所做出的探索，对我国人文社会科学学术评价的发展产生了重要作用。第一，专业化评价机构对国内外的学术评价理论与方法进行了大量的讨论和总结，逐渐形成了中国人文社会科学学术评价的基本理论与方法体系。第二，专业化学术评价机构发布的一系列研究成果，为人文社会科学的发展提供了许多有价值的数据支持和操作工具。例如，南京大学的 CSSCI、武汉大学的中国大学及学科专业排名、中国人民大学的复印报刊资料转载指数排名等。第三，与国外同行进行广泛交流，提升了中国人文社会科学的国际话语权。①

由上述可知，推动专业化评价机构的建设和健康发展，是建立科学合理的评价体系的一个有力抓手，也是推动我国评价事业发展的一个重要突破口。鉴

① 武宝瑞，钱蓉，李晓彤. 评价机构发展与人文社科学术评价质量提升[J]. 甘肃社会科学，2016,（2）：24-29.

于专业化评价机构在发展我国评价事业中的特殊地位，以其为视角进行的考察，显然更有利于我们全面地掌握我国评价事业的发展现状与趋势，总结其成绩和不足，探寻其正确的发展之策。

为此，笔者首先在样本论文中抽取了第一机构名称中包含“评”字的相关论文，然后人工逐条对其进行审核，并对一些机构名称做了统一化处理，如将“国家药品监督管理局药品审评中心”统一改为“国家食品药品监督管理总局药品审评中心”等，最后统计出发表评价类研究论文总数在5篇及以上的47个评价机构及其在1992—2016年发表的论文数量和所对应的学科领域，如表4-3所示。需要指出的是，本书筛选出的专业化评价机构可能并不全面，因为存在一些机构虽然名称中不含“评”字，但实际上从事评价工作的可能。但在缺乏其他更高效的筛选方法的情况下，本书的筛选方法仍能在一定程度上给我们提供不少的启发和帮助。

表4-3 发表评价类研究论文较多的专业化评价机构 单位：篇

机构名称	1992—1999年	2000—2009年	2010—2016年	论文总数	学科领域
国家食品药品监督管理总局药品审评中心	0	59	56	115	医药卫生
武汉大学中国科学评价研究中心	0	49	24	73	科教
中国环境科学研究院环境基准与风险评估国家重点实验室	0	0	52	52	环境
环境保护部环境工程评估中心	0	9	33	42	环境
科技部科技评估中心	1	13	22	36	科技
上海市教育评估院	0	10	17	27	教育
江苏省教育评估院	3	14	9	26	教育
西南土地资源评价与监测教育部重点实验室（四川师范大学）	0	2	23	25	土地
教育部高等教育教学评估中心	0	12	13	25	教育
国家食品药品监督管理总局药品评价中心	0	14	7	21	医药卫生
国家食品安全风险评估中心	0	0	18	18	医药卫生
南京大学中国社会科学研究评价中心	0	11	6	17	社会科学

续表

机构名称	1992—1999年	2000—2009年	2010—2016年	论文总数	学科领域
复旦大学公共卫生学院卫生部卫生技术评估重点实验室	0	0	16	16	医药卫生
中国食品药品检定研究院国家药物安全评价监测中心	0	0	16	16	医药卫生
南京信息工程大学气象灾害预报预警与评估协同创新中心	0	0	16	16	环境
国家上海新药安全评价研究中心	0	2	14	16	医药卫生
中国资产评估协会	2	4	7	13	资产
军事医学科学院疾病预防控制所毒理学评价研究中心	0	0	12	12	医药卫生
财政部统计评价司	2	10	0	12	经济
国家环境保护总局环境工程评估中心	2	9	0	11	环境
南开大学战略环境评价研究中心	0	1	9	10	企业经济
重庆市教育评估院	0	0	9	9	教育
农业部果品质量安全风险评估实验室（兴城）	0	0	9	9	农业
中国石油集团测井有限公司油气评价中心	0	0	8	8	矿产资源
中国科学院上海药物研究所药物安全评价研究中心	0	4	4	8	医药卫生
中国药品生物制品检定所国家药物安全评价监测中心	0	6	2	8	医药卫生
上海中医药大学药物安全评价研究中心	0	0	7	7	医药卫生
环境保护部环境规划院环境风险与损害鉴定评估研究中心	0	0	7	7	环境
军事医学科学院毒物药物研究所国家北京药物安全评价研究中心	0	1	6	7	医药卫生
中国人民大学竞争力与评价研究中心	0	4	3	7	企业经济
《管理世界》中国企业评价中心	7	0	0	7	企业经济
河北农业大学资产评估研究所	0	7	0	7	资产

续表

机构名称	1992—1999年	2000—2009年	2010—2016年	论文总数	学科领域
中国人民大学人文社会科学学术成果评价研究中心	0	0	6	6	人文社科
农业部农产品质量安全风险评估实验室（乌鲁木齐）	0	0	6	6	农业
兰州大学环境质量评价研究中心	0	1	5	6	环境
中国信息安全测评中心	0	1	5	6	信息安全
中联资产评估有限公司	0	6	0	6	资产
上海市疾病预防控制中心环境职业场所卫生评价科	0	0	5	5	医药卫生
广东省职业病防治院职业卫生评价所	0	2	3	5	医药卫生
国家海洋局海洋溢油鉴别与损害评估技术重点实验室	0	2	3	5	环境
第二军医大学新药评价中心	1	3	1	5	医药卫生
中央财经大学资产评估研究所	0	4	1	5	资产
高等学校与科研院所学位与研究生教育评估所	3	2	0	5	教育
复旦大学医学院医学技术评估研究中心	0	5	0	5	医药卫生
沈阳化工研究院安评中心	0	5	0	5	安全
兰州大学中国地方政府绩效评价中心	0	5	0	5	政府管理
中央教育科学研究所教育督导与评估研究中心	0	5	0	5	教育

由表4-3可以得出以下几点结论。

1）从数量上看，发表过5篇及以上评价类研究论文的专业化评价机构总共只有47家，如果只计算2010—2016年的话，则只有30家，这说明有一定学术影响力的专业化评价机构的数量还较为有限。

2）从学科领域看，食品、药品、环境、教育等领域的评价类研究论文较多，这在一定程度上说明，越是和人民生活质量关系密切的领域，对评价研究的需求就越大，国家也越重视，产出的成果也越多。

3）从机构的性质看，绝大多数机构属于国家事业单位，属于企业性质的只有 2 家。由此可知，必须积极加快第三方评价机构的培育。

4）从时间段看，1992—1999 年发表过评价类研究论文的专业化评价机构有 8 家，总发文量为 21 篇；2000—2009 年发表过评价类研究论文的专业化评价机构有 32 家，总发文量为 282 篇；2010—2016 年发表过评价类研究论文的专业化评价机构有 37 家，总发文量为 460 篇。如果单独比较后两个时间段，可以发现新增加的有 14 家机构，减少的有 9 家机构，实际增加 5 家机构。由此可见，专业化评价机构整体上呈增加趋势，但增加幅度不大。

5）从发文总量看，国家食品药品监督管理总局药品审评中心、武汉大学中国科学评价研究中心、中国环境科学研究院环境基准与风险评估国家重点实验室是排名前三位的机构，这些机构分属医药卫生评价、科教评价、环境影响评价领域，三个机构的主要研究主题分别见图 4-5—图 4-7（关键词频次≥2，共现频次≥1）。

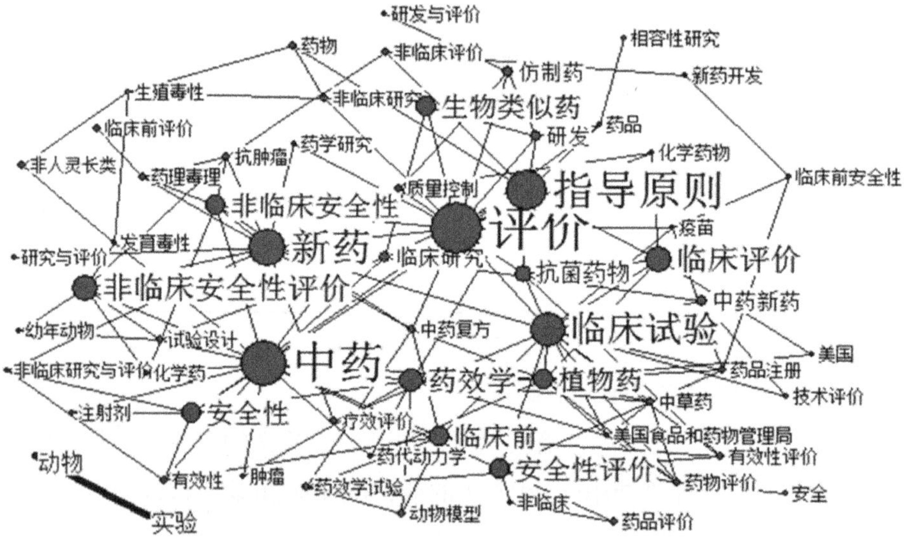

图 4-5　国家食品药品监督管理总局药品审评中心论文研究主题知识图谱

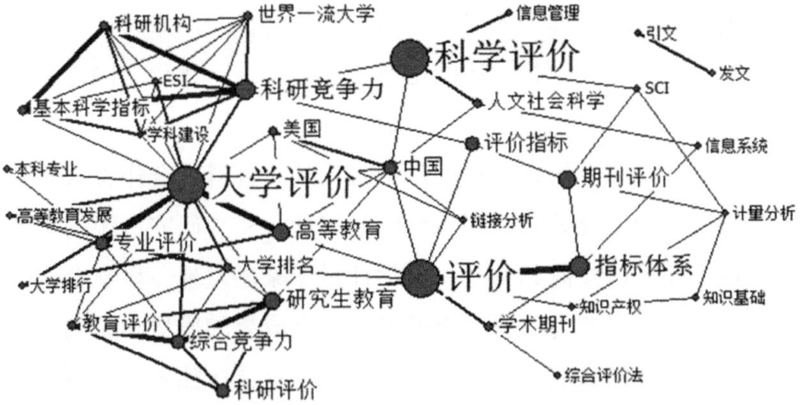

图 4-6　武汉大学中国科学评价研究中心论文研究主题知识图谱

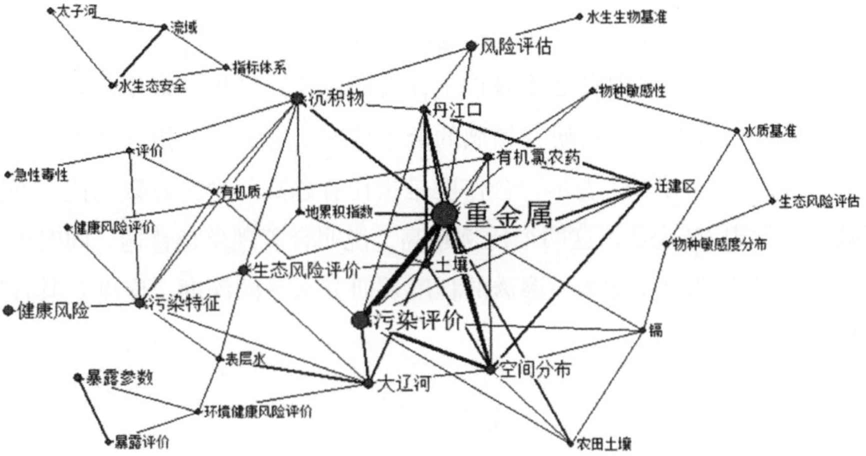

图 4-7　中国环境科学研究院环境基准与风险评估国家重点实验室论文研究主题知识图谱

4.4　核心期刊论文合著情况的计量分析

4.4.1　论文合著率和合作度的计算方法

美国数据科学专家乔纳森·亚当斯（Jonathan Adams）认为，科学研究活动已先后经历了四个时代，即个人时代、研究机构时代、国家时代和国际合作时代。随着社会、经济、技术各领域的迅速发展和全球一体化、国际化的推进，科学研究活动中的合作现象呈现出不断增长的趋势。①

论文合著是现代科学研究活动中最为常见的一种科学合作方式。科学合作的主要优势是：有利于突破研究者思维的局限性，实现研究资源的集聚和优势互补，促进各方知识的交流和共享。科学计量学家还发现，科学合作不但能够提高科学家的成果产出能力，而且能够提高研究成果的质量和影响力；合著论文的著者人数与论文的影响因子呈正相关；合著论文比独著论文更易被期刊接受并能产生更大的影响；合作群体越大，研究成果越具有影响力。②

评价研究领域作为一个典型的交叉科学研究地带，具有综合性、复杂性、实践性的明显特征，同时也存在着普遍的合著现象。

合著论文是指署名中有 2 个及以上作者的论文。学界通常用合著率和合作度两个指标来表征某一学科研究领域的合著情况。合著率是指合著论文数与论文总数之比，一般用 DC 表示；合作度是指作者总数与论文总数之比，即篇均作者数，一般用 CI 表示。这两个比例越高，说明合著现象越普遍，同时也表征着该研究领域学科相互交叉、渗透的程度及研究水平的深度、广度。其计算公式分别如下

$$DC = 1 - \frac{f_1}{N} \quad (4\text{-}3)$$

$$CI = \frac{\sum_{j=1}^{k} jf_j}{N} \quad (4\text{-}4)$$

式中，j 为单篇论文的作者数量，k 为单篇论文作者数量的最大值，f_j 为作者数量为 j 的论文数，N 为论文总数。③

---

① Adams J. Collaborations: The fourth age of research[J]. Nature, 2013, 497(7154): 557-560.

② Gordon M D. A critical reassessment of inferred relations between multiple authorship, scientific collaboration, the production of papers and their acceptance for publication[J]. Scientometrics, 1980, 2(3): 193-201.

③ 谢彩霞. 科学合作方式及其功能的科学计量学研究[D]. 大连：大连理工大学博士学位论文，2006：106.

根据上述公式和样本数据，可以计算出不同学科领域和不同时间段的合著率和合作度。

4.4.2 评价类研究论文的合著率、合作度及发展态势分析

根据 1992—2016 年评价类研究论文的数据，可以分别计算出合著率及合作度的历年变化情况，分别见表 4-4、图 4-8、表 4-5 和图 4-9。

表 4-4 评价类研究论文合著率的历年变化

年份	论文总数/篇	合著论文数/篇	合著率/%
1992	2144	1039	48.46
1993	2128	1069	50.23
1994	2517	1298	51.57
1995	2550	1355	53.14
1996	2143	1305	60.90
1997	2318	1401	60.44
1998	2498	1666	66.69
1999	2782	1891	67.97
2000	3124	2126	68.05
2001	3519	2413	68.57
2002	4065	2878	70.80
2003	4889	3505	71.69
2004	5898	4381	74.28
2005	8362	6395	76.48
2006	9321	7288	78.19
2007	10 398	8042	77.34
2008	11 706	9306	79.50
2009	12 895	10 365	80.38
2010	13 604	11 008	80.92
2011	14 153	11 536	81.51
2012	13 453	11 079	82.35
2013	13 811	11 534	83.51
2014	14 320	12 115	84.60
2015	14 570	12 659	86.88
2016	13 882	12 170	87.67

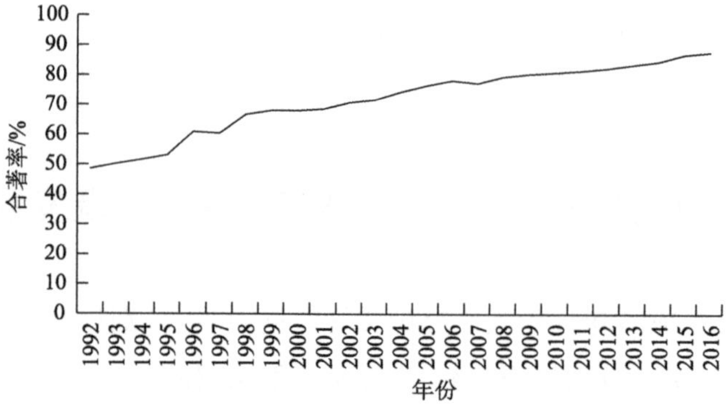

图 4-8　评价类研究论文合著率历年变化情况

表 4-5　评价类研究论文合作度的历年变化

年份	论文总数/篇	作者数	合作度
1992	2144	4425	2.06
1993	2128	4498	2.11
1994	2517	5629	2.24
1995	2550	5708	2.24
1996	2143	5445	2.54
1997	2318	5771	2.49
1998	2498	6775	2.71
1999	2782	7636	2.74
2000	3124	8413	2.69
2001	3519	9510	2.70
2002	4065	11 322	2.79
2003	4889	13 547	2.77
2004	5898	16 569	2.81
2005	8362	24 796	2.97
2006	9321	27 918	3.00
2007	10 398	30 837	2.97
2008	11 706	36 093	3.08
2009	12 895	40 302	3.13
2010	13 604	43 483	3.20
2011	14 153	46 472	3.28
2012	13 453	45 357	3.37
2013	13 811	47 971	3.47

续表

年份	论文总数/篇	作者数	合作度
2014	14 320	51 435	3.59
2015	14 570	54 550	3.74
2016	13 882	53 421	3.85

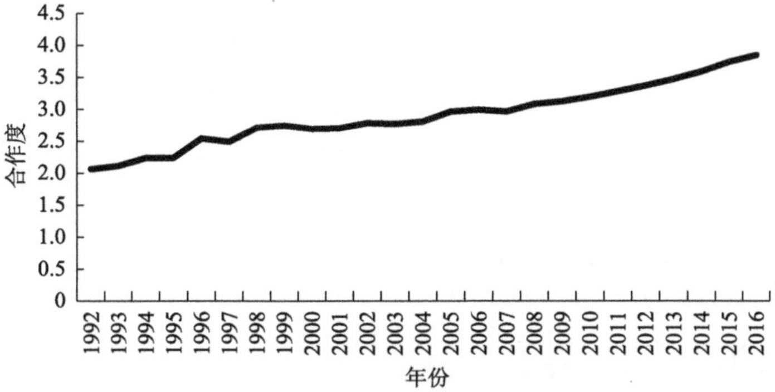

图 4-9 评价类研究论文合作度历年变化情况

由表 4-4 和图 4-8 可知，1992—2016 年，评价类研究论文的合著率基本呈逐年增长态势。其中最低值为 1992 年的 48.46%，最高值为 2016 年的 87.67%，平均值为 71.68%。根据笔者对 2008 年 CSSCI 数据库 22 个主要学科论文合著率的统计，合著率最高的是心理学，为 82%，排在第二的是体育学，为 61%（图 4-10）。按照同年度相比的原则，评价类研究论文 2008 年的合著率为 79.5%，由此可知，评价类研究论文的合著率普遍高于人文社会科学各学科的合著率。

同时，由表 4-5 和图 4-9 可知，1992—2016 年，评价类研究论文的合作度也基本呈逐年增长态势。其中最低值为 1992 年的 2.06，最高值为 2016 年的 3.85，平均值为 2.9。根据笔者对 2008 年 CSSCI 数据库 22 个主要学科论文合作度的统计，发现合作度最高的是心理学，不到 2.5，最低的是中国文学，略高于 1（图 4-11）。[①]按照同年度相比的原则，评价类研究论文 2008 年的合作度为 3.08，由此可知，评价类研究论文的合作度普遍高于人文社会科学各学科的合作度。

① 汤建民. 中国人文社会科学各学科研究论文特征的计量分析[J]. 科学学研究，2011，29（7）：991-998.

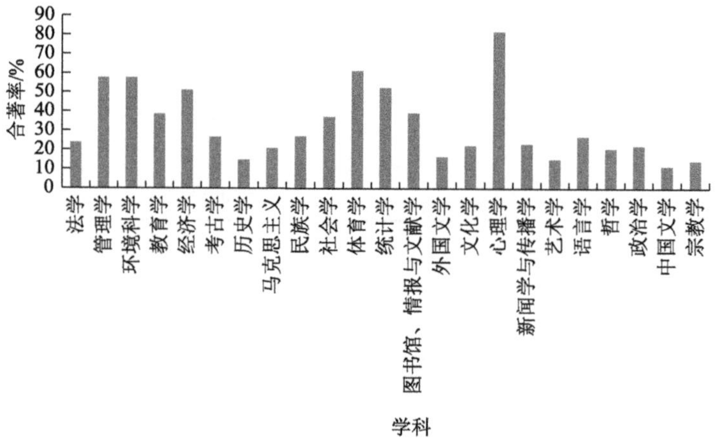

图 4-10　2008 年人文社会科学领域各学科论文合著率

资料来源：汤建民. 中国人文社会科学各学科研究论文特征的计量分析[J]. 科学学研究，2011，29(7)：991-998.

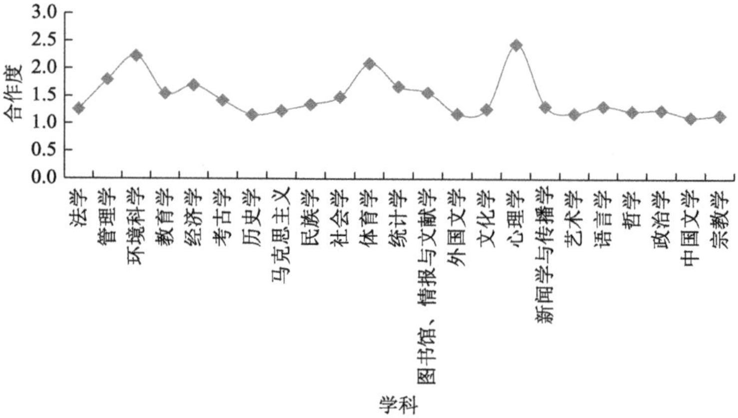

图 4-11　2008 年人文社会科学领域各学科论文合作度

资料来源：汤建民. 中国人文社会科学各学科研究论文特征的计量分析[J]. 科学学研究，2011，29(7)：991-998.

4.4.3　评价类研究论文合作者数量的比例分布及发展态势分析

一篇论文可以由单一作者独立完成，也可以由 2 个及以上作者共同完成，这些作者可以被称为合作者。除了上面分析的合著率、合作度两个常用指标外，论文合作者数量的分布及变化趋势也可以在一定程度上反映出一项研究活动的规模及变化趋势。

通过对 191 050 篇论文的作者数量进行统计，发现合著论文中，一篇论文的作者数量最多有 30 人，最少的为 2 人。1992—2016 年不同合作者数量的论文比例见表 4-6。

表 4-6 1992—2016 年不同合作者数量的论文比例 单位：%

年份	1 个作者的论文比例	2 个作者的论文比例	3 个作者的论文比例	4 个作者的论文比例	5 个作者的论文比例	6 个作者的论文比例	7 个作者的论文比例	8 个及以上作者的论文比例
1992	51.5	22.1	11.6	6.4	4.5	1.8	0.9	1.2
1993	49.8	23.0	11.9	7.1	3.6	2.1	1.1	1.5
1994	48.4	20.5	12.9	6.9	5.6	3.0	1.5	1.3
1995	46.9	21.3	14.0	8.4	4.0	2.7	1.2	1.5
1996	39.1	21.3	15.1	11.3	6.0	3.3	1.7	2.2
1997	39.6	21.7	15.8	10.5	5.4	3.7	1.4	2.0
1998	33.3	22.7	17.8	11.0	6.7	4.1	2.0	2.5
1999	32.0	22.4	18.9	11.7	6.5	3.7	2.3	2.6
2000	32.0	23.2	19.1	11.5	6.9	3.3	2.0	2.2
2001	31.4	24.0	18.8	10.8	6.9	4.1	1.9	2.1
2002	29.2	23.4	19.3	12.6	6.8	4.5	2.2	2.0
2003	28.3	24.9	20.1	11.7	7.2	3.9	1.7	2.2
2004	25.7	26.4	20.5	12.5	6.7	4.1	2.2	1.8
2005	23.5	24.4	20.8	13.4	8.4	4.9	2.3	2.3
2006	21.8	25.2	21.8	13.2	8.5	4.8	2.5	2.3
2007	22.7	24.7	22.2	13.6	7.8	4.5	2.4	2.2
2008	20.5	23.4	21.9	14.9	9.2	5.3	2.4	2.3
2009	19.6	23.5	21.7	15.5	9.2	5.3	2.9	2.3
2010	19.1	23.1	20.7	15.2	10.5	6.0	3.0	2.5
2011	18.5	21.8	20.9	15.1	11.0	6.6	3.1	3.0
2012	17.7	20.4	20.1	16.5	11.5	7.3	3.5	3.0
2013	16.5	19.9	20.3	16.3	11.7	7.9	3.8	3.6
2014	15.4	19.0	19.1	17.0	12.8	8.5	4.1	4.1
2015	13.1	18.7	18.8	16.8	13.7	9.6	4.7	4.6
2016	12.3	18.4	17.7	16.3	14.8	10.2	5.2	5.1

由表4-6可得出以下基本结论。

1）1992—2016年，评价类研究论文中由单一作者独立完成的论文比例从1992年的51.5%下降到2016年的12.3%，换言之，合著论文的比例越来越高，到2016年已经达到了87.7%。

2）2人合著的比例变化大致走过了一个先缓慢上升再逐步下降的过程。1992年，2人合著的比例为22.1%，到2004年时上升到26.4%的高峰，但自此之后则开始下降的趋势，2016年达到了最低值18.4%。3人合著的比例变化情况和2人合著的比例变化情况类似，也由1992年的11.6%先上升到2007年22.2%的高峰，但自此之后也基本开始下降趋势，到2016年达到了最低值17.7%。

比较2人合著和3人合著比例的变化规律，共同点是都经历了一个先上升再下降的过程，不同点是后者在时间点上延迟了3年。笔者认为，2人合著和3人合著比例的变化过程是一个多少让人感到有些意外的现象，因为1992—2016年，论文的合著率总体是上升的，但2人合著和3人合著的比例却在2007年后均出现了下降，那么应该如何准确地解释这种看上去有点儿矛盾的现象呢？背后又有哪些影响因素呢？显然，这是一个颇值得进一步探究的问题。

3）4人合著的比例整体呈增长趋势，最高峰17.0%出现在2014年，2015年和2016年连续两年下降。如果按照2人合著和3人合著比例的发展轨迹，那么我们大致也可推断：4人合著的高峰是2014年，以后估计将呈现逐渐下降的趋势。

4）5人合著、6人合著、7人合著、8人及以上的合著比例，均整体呈增长趋势，1992年，这四种类型的合著比例分别是4.5%、1.8%、0.9%、1.2%，到2016年，则分别达到了14.8%、10.2%、5.2%、5.1%的高峰，5人及以上的合著论文总比例达到了35.3%。也就是说，在2016年的评价类研究论文中，5人及以上署名的论文数量已经超过了论文总数的1/3。显然，这是一个比较高的比例了，特别是明显高于人文社会科学领域的合著率。

5）5人合著、6人合著、7人合著、8人及以上的合著比例到2016年分别处于各自的高峰。那么，如果笔者的“4人合著比例高峰出现在2014年”的推断是正确的话，根据表4-6中出现的1个作者的比例变化规律、2人合著的比例变化规律、3 人合著的比例变化规律，以及表 4-6 中目前呈现的 5 人合著、6 人合著、7 人合著、8 人及以上的合著比例变化规律，我们就可以进一步大胆地推断：5 人合著的高峰很可能出现在 2017—2022 年中的某一年，而 6 人合著的高峰又会出现在 5 人合著的高峰年出现后再往后的某一年；7 人合著的高峰年和 8 人及以上合著的高峰年的出现时间则可依此类推。

6）综合笔者对表 4-6 中数据变化规律的分析推测，笔者认为，科研合作中的作者合著规模变化很可能存在着一种“雁阵现象”。也就是说，就像雁群在天空中飞翔一般都是排成人字阵或一字斜阵一样，在一个科研领域内，整体上看，科研合著率和篇均作者人数一般都会随时间推移呈现增加趋势，但是就合作者的内部组成变化来说，仍存在类似梯次借力发展的规律：相比于规模更大的团队来说，小规模团队一般能优先产生并发展，但是其占比也不会无限增加，而是随着时间的推移在达到某个高峰后即难以逾越。因为在小规模团队发展的同时，更大规模的团队和更大更大规模的团队也在依次暗生滋长，从而制约着小规模团队的占比，最终形成一个由小到大，多个梯次规模团队各自占比逐渐稳定的一个集合体。

综合以上各点基本结论，我们可以发现，在评价研究中，评价者的整体规模呈不断壮大的趋势，以机构、团队合作的方式进行评价活动也越来越成为主流。

4.5 本章结论

综合上述各类数据的统计分析，可以得出以下几点基本结论。

1）参与评价研究的作者数量随着时间的推移呈缓慢增加趋势，1992—2016 年，第一作者人数和时间的关系呈多项式函数关系。近年来发表过核心期刊论文的第一作者人数已达到约 12 000 人的规模，这在一定程度上说明了评价问题的广泛性和评价领域作者队伍来源的广泛性。

2）论文合著率呈不断增加趋势，2016 年时已经达到了 87.7%。论文的合作度以及 5 人及以上的合著比例也在不断增长中，这些说明评价主体规模在不断扩大，且评价主体已越来越多地以机构和团队的形式出现，而不是以个体的形式出现。

3）专业化评价机构的整体数量还比较有限，发表过一定数量论文且具有较大学术影响力的专业化评价研究机构则更少。专业化评价机构的研究主要集中在食品、药品、环境、教育、科技等行业和学科领域，这在一定程度上说明，越是和人民群众生活质量关系密切的领域，对专业化评价的需求越大，国家也越重视。当然，从整体看，专业化评价机构仍有一定数量的增加，表现出由以机构和团队为主体的评价向以专业评价机构和团队为主体的评价变化的趋势。预测未来，不断发展专业化评价机构应是我国今后的重要努力方向之一。

第五章
评价研究主题的发展分析

在第三章评价研究成果产出数量的发展分析中，笔者着重从科学研究成果产出数量的角度，考察了不同时间段我国评价事业中科学研究活动的发展规模、发展速度及发展趋势。在第四章的评价研究队伍发展分析中，则着重从论文作者数量增长态势，高产作者的学科领域与机构分布态势，专业化评价机构的分布态势以及论文的合著率、合作度发展态势等角度，考察了不同时间段我国评价事业中评价主体的发展规模、发展速度及发展趋势。本章的目标是实现评价研究主题的发展分析。

鉴于期刊论文和学术图书是观察和衡量评价研究主题发展态势的两条最重要途径，本章将分别以这两类数据为基础进行评价研究主题的计量分析。

5.1 基于期刊论文数据的评价研究主题计量分析

5.1.1 数据来源与研究方法

本章的期刊论文数据来源和第三章的相同，经过数据清洗后共获得 191 050 篇有效论文数据。之所以选择中国知网期刊论文数据库，主要是考虑到相比于 CSSCI 数据库、中国科学引文数据库（Chinese science citation database，CSCD）等数据库来说，该库收录的论文的覆盖面比较广、比较全，最适切于评价类研究论文学科领域分布广的特点。当然，这样的选择也有不利的方面，主要表现在两方面：一是数据量比较庞大，导致后续数据清洗和数据计算的工作量都比较大；二是该库的论文关键词标注存在一些不规范的地方。这些都无疑增加了本章所要进行的研究主题发展态势分析的难度。

另外，考虑到本章的数据量及时间跨度均较大，如果只进行简单分析的话，分析效果可能会不尽如人意，而且本章的一个研究重点是要反映出评价类期刊论文数据发展动态的一面，即历时性的一面，因此本着在“简洁性”和“复杂性”之间以及“共时性”和“历时性”之间寻找最佳平衡点的思路，笔者在本章设计了以下两个视角来开展研究主题的态势分析。

一是采用“打桩法”进行研究。所谓“打桩法”是指，在无法全面、系统、详尽地研究客观对象的情况下，通过选择几个重要的学术节点，由点连成线，由线连成面，上挂下联，触类旁通，从而形成对研究对象较为全面认识的一种研究方法。[①]具体来说，即选择 1992 年、1999 年、2009 年、2016 年四个时间节点，进行高频关键词的演变发展态势和研究主题知识图谱的演变发展态势的

① 蒋凡. 漫谈读书与治学[J]. 北京大学学报（哲学社会科学版），2010，47（3）：146-151.

比较分析，这样设计的主要理由是：1992 年是中国知网核心期刊论文数据收录的起始年，也可以基本代表 20 世纪 90 年代的开端；1999 年可以基本代表 20 世纪 90 年代的末端；2009 年可以基本代表 21 世纪第一个十年的末端；2016 年则可以代表最新发展状况的时间点。

二是将 1992—2016 年的数据划分为三个阶段进行比较研究，即 1992—1999 年、2000—2009 年、2010—2016 年，考察不同时间阶段高频关键词的演变发展态势和研究主题知识图谱的演变发展态势。

5.1.2 四个时间节点的研究主题演变发展分析

（1）高频关键词的分布及演变发展

经计算，发现评价类研究论文的关键词种类非常广泛，四个时间节点的评价类研究论文中共出现了 27 661 个关键词，表 5-1 列出了前 30 个高频关键词及其频次，表 5-2 列出了总频次在 50 次及以上的高频关键词。

表 5-1 四个时间节点评价类研究论文的高频关键词及频次（前 30 个）

1992 年	1999 年	2009 年	2016 年
评价方法（84）	评价（187）	评价（866）	评价（444）
综合评价（80）	综合评价（114）	指标体系（543）	层次分析法（339）
指标体系（68）	指标体系（73）	综合评价（358）	指标体系（324）
评价指标（56）	评价方法（64）	层次分析法（354）	风险评估（290）
效果评价（40）	评价指标（53）	评价指标（275）	综合评价（278）
评价（36）	评估（38）	绩效评价（271）	绩效评价（230）
层次分析法（26）	效果评价（35）	评估（232）	评价指标（228）
经济评价（26）	层次分析法（31）	评价方法（189）	重金属（199）
经济效益评价（22）	可靠性（23）	模糊综合评价（178）	评估（183）
环境影响评价（19）	经济评价（23）	评价体系（178）	评价体系（179）
模糊综合评判（18）	可持续发展（20）	评价指标体系（167）	主成分分析（165）
定量评价（18）	资产评估（20）	风险评估（162）	评价指标体系（155）
超声心动图（16）	教学质量（20）	质量评价（116）	风险评价（146）

续表

1992年	1999年	2009年	2016年
经济体制改革（16）	环境影响评价（20）	评价模型（116）	评价方法（139）
教育评估（16）	评价标准（19）	主成分分析（115）	质量评价（136）
CT（15）	质量评价（19）	因子分析（111）	系统评价（135）
企业经济效益（15）	评估人员（19）	绩效评估（108）	模糊综合评价（120）
环境质量评价（14）	建设项目（17）	重金属（107）	Meta分析（116）
教学效果（14）	教学工作（17）	风险评价（99）	因子分析（109）
数学模型（13）	模糊综合评判（14）	可持续发展（96）	聚类分析（95）
项目评估（12）	性能评价（14）	GIS（89）	安全性（91）
评价标准（12）	超声心动图（14）	安全评价（86）	磁共振成像（86）
内部收益率（12）	账面价值（14）	模糊评价（70）	熵权法（82）
权重分配（12）	模糊评价（13）	聚类分析（69）	效果评价（81）
评估（11）	神经网络（13）	数据包络分析（69）	评价模型（81）
灰色聚类（11）	定量评价（13）	权重（67）	安全评价（80）
资金利润率（11）	收益现值法（13）	评价标准（62）	影响因素（74）
可靠性（11）	教育评估（13）	价值评估（60）	数据包络分析（74）
质量评价（11）	指标（13）	指标（59）	GIS（70）
教学质量（10）	方法（13）	水质评价（59）	可靠性评估（68）

表5-2 四个时间节点总频次在50次及以上的高频关键词

高频关键词	1992年	1999年	2009年	2016年	总计
评价	36	187	866	444	1533
指标体系	68	73	543	324	1008
综合评价	80	114	358	278	830
层次分析法	26	31	354	339	750
评价指标	56	53	275	228	612
绩效评价	0	3	271	230	504
评价方法	84	64	189	139	476
评估	11	38	232	183	464
风险评估	0	3	162	290	455

续表

高频关键词	1992 年	1999 年	2009 年	2016 年	总计
评价体系	0	4	178	179	361
评价指标体系	0	9	167	155	331
重金属	0	4	107	199	310
模糊综合评价	0	9	178	120	307
主成分分析	3	8	115	165	291
质量评价	11	19	116	136	282
风险评价	5	9	99	146	259
因子分析	3	0	111	109	223
效果评价	40	35	57	81	213
评价模型	3	5	116	81	205
系统评价	0	4	52	135	191
安全评价	0	5	86	80	171
聚类分析	0	5	69	95	169
GIS	0	5	89	70	164
可持续发展	0	20	96	41	157
磁共振成像	3	11	55	86	155
绩效评估	0	0	108	45	153
数据包络分析	3	4	69	74	150
评价标准	12	19	62	57	150
Meta 分析	0	0	20	116	136
安全性	0	3	41	91	135
可靠性	11	23	50	50	134
水质评价	8	10	59	52	129
模糊评价	3	13	70	41	127
权重	4	7	67	46	124
影响因素	6	8	34	74	122
模型	0	5	51	61	117

续表

高频关键词	1992 年	1999 年	2009 年	2016 年	总计
可靠性评估	0	10	37	68	115
定量评价	18	13	38	41	110
模糊综合评判	18	14	54	19	105
指标	0	13	59	30	102
环境影响评价	19	20	46	17	102
土壤	0	3	36	61	100
熵权法	0	0	17	82	99
模糊数学	7	9	45	38	99
BP 神经网络	0	0	57	41	98
评估模型	0	7	44	40	91
评估方法	0	12	35	44	91
安全性评价	7	12	35	37	91
性能评价	7	14	30	40	91
超声检查	9	4	28	49	90
价值评估	0	3	60	25	88
儿童	0	4	34	50	88
超声心动描记术	0	7	40	41	88
DEA	0	0	50	37	87
AHP	0	3	41	43	87
预后	0	7	24	56	87
熵值法	0	0	31	55	86
层次分析	5	7	42	31	85
沉积物	0	0	27	55	82
教学质量	10	20	39	13	82
稳定性	0	5	42	34	81
营养成分	0	6	27	48	81
体层摄影术，X 线计算机	0	0	39	41	80

续表

高频关键词	1992 年	1999 年	2009 年	2016 年	总计
云模型	0	0	13	66	79
健康教育	3	6	42	28	79
模糊层次分析法	0	0	36	40	76
支持向量机	0	0	42	34	76
经济评价	26	23	16	11	76
学生	0	0	37	38	75
熵权	0	0	41	34	75
健康风险评价	0	0	22	52	74
竞争力	0	0	51	23	74
评估体系	0	3	37	34	74
主成分分析法	3	0	36	34	73
风险	4	4	36	29	73
生态环境	4	7	45	16	72
污染评价	0	0	27	44	71
模糊综合评价法	0	0	24	46	70
效能评估	0	0	32	38	70
灰色关联分析	0	4	35	31	70
信息熵	0	0	34	35	69
高校	0	0	39	30	69
效率评价	0	0	33	35	68
土地利用	0	0	34	34	68
粗糙集	0	0	39	29	68
神经网络	0	13	30	24	67
效度	5	0	18	44	67
生态风险	0	0	18	48	66
集对分析	0	4	33	29	66
水资源	0	5	43	16	64

续表

高频关键词	1992 年	1999 年	2009 年	2016 年	总计
地下水	0	6	26	32	64
评估指标	0	0	19	44	63
生命周期评价	0	3	35	24	62
道路工程	0	0	19	42	61
信度	0	0	21	40	61
重金属污染	0	0	26	35	61
绩效	0	0	40	21	61
安全评估	0	0	26	33	59
教学评价	4	7	24	24	59
疗效	0	3	20	35	58
地理信息系统	0	10	32	16	58
生态安全	0	0	33	24	57
营养评价	3	8	18	28	57
超声心动图	16	14	15	12	57
疗效评价	0	0	18	38	56
层次分析法（AHP）	0	0	30	26	56
遥感	0	4	30	22	56
种质资源	0	6	18	32	56
生态风险评价	0	0	19	36	55
学术评价	0	0	20	35	55
循环经济	0	0	48	7	55
大鼠	7	6	26	16	55
氨基酸	0	0	16	38	54
随机对照试验	3	0	15	36	54
评价系统	6	13	26	9	54
贝叶斯网络	0	0	23	30	53
危险性评价	5	0	19	29	53

续表

高频关键词	1992 年	1999 年	2009 年	2016 年	总计
生活质量	5	9	20	19	53
经济效益	10	10	15	18	53
教育评估	16	13	17	7	53
TOPSIS	0	0	13	39	52
脆弱性	0	0	19	33	52
高血压	0	5	32	15	52
数值模拟	3	0	17	32	52
内部控制	3	4	32	13	52
因子分析法	0	0	16	35	51
相关性	0	0	18	33	51
平衡计分卡	0	0	31	20	51
糖尿病	0	0	32	19	51
动物模型	0	3	18	30	51
TOPSIS 法	0	4	19	27	50
电力系统	0	4	23	23	50
综合评估	0	7	24	19	50

由表 5-1 可知，1992 年的关键词分布和 1999 年的较为相似，而 2009 年的关键词分布则和 2016 年的较为相似。其中，1992 年的高频关键词的主要分布领域是一般理论与方法研究领域（14 个）、经济评价领域（6 个）、教育评价领域（3 个）、环境评价领域（2 个）、医学评价领域（2 个），其他还有项目评价、可靠性评价、质量评价等领域各 1 个。1999 年的高频关键词的主要分布领域是一般理论与方法研究领域（16 个）、经济评价领域（4 个）、教育评价领域（3 个），其他还有项目评价、环境评价、医学评价、性能评价、可靠性评价、可持续发展评价、效果评价等领域各 1 个。2009 年的高频关键词的主要分布领域是一般理论与方法研究领域（20 个）、绩效评价领域（2

个）、风险评价领域（2个），其他还有质量评价、可持续发展评价、重金属评价、GIS、安全评价、水质评价等领域各1个。2016年的高频关键词的主要分布领域是一般理论与方法研究领域（19个）、安全评价（2个）、风险评价（2个），其他则有绩效评价、质量评价、重金属评价、医药卫生评价、效果评价、GIS、可靠性评价等领域各1个。

因此，从整体看，高频关键词的分布及演变发展的基本态势是：属于一般理论与方法研究领域的高频关键词呈增长态势；1992年和1999年出现较多的经济评价、教育评价，在2009年、2016年呈减少态势，增加的是重金属、GIS等自然科学领域的高频关键词，系统评价、效果评价、安全评价等领域的高频关键词在2016年均有明显增长。

由表5-2可以看出，高频关键词主要可以分为两大类：一类是表征评价方法的方法类关键词，如层次分析法、主成分分析、Meta分析、因子分析、聚类分析、熵权法、数据包络分析、信度、效度等；另一类是表征评价对象和评价领域的关键词，如重金属、土壤、生态风险、沉积物、道路工程、学生、水质评价、学术评价、期刊评价、安全性评价、疗效评价、污染评价等。从四个时间节点的词频看，明显呈现增长态势的方法类关键词主要有主成分分析、聚类分析、数据包络分析、Meta分析、模型、熵权法、熵值法、云模型、贝叶斯网络、TOPSIS法、因子分析法等；明显呈现增长态势的评价对象类或评价领域类关键词主要有风险评价、重金属、安全（性）评价、可靠性评价、土壤、沉积物、污染评价、道路工程、生态风险评价、学术评价等。明显呈现减少态势的关键词很少，如"经济评价"在1992年、1999年、2009年、2016年的词频依次是26次、23次、16次、11次。从整体态势看，高频关键词主要有两个特征：一是方法类关键词越来越多，越来越丰富；二是自然科学领域的高频关键词呈明显增长态势。

（2）论文研究主题知识图谱的演变发展

该视角主要是对论文研究主题的结构进行考察，方法是通过对四个时间节点核心期刊论文的关键词进行共现统计，然后用NetDraw等可视化软件进行知识图谱绘制，见图5-1—图5-4（图中的关键词频次阈值为≥7，共现次数为≥3）。

图中的 A1、B1、C1 等分别代表不同的板块，具体含义见下文。

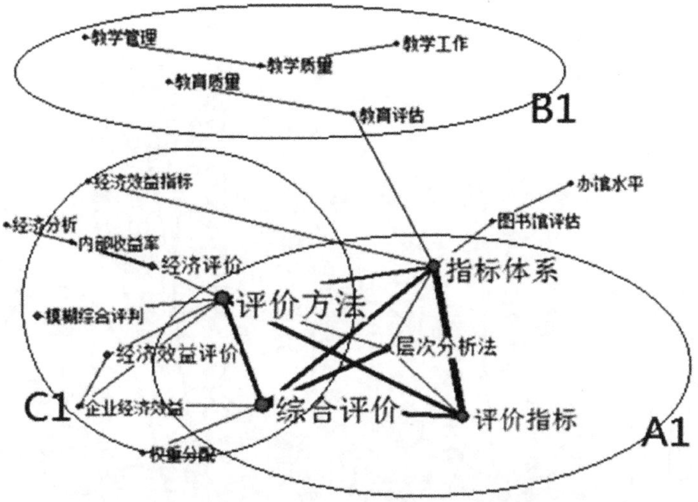

图 5-1　1992 年评价研究主题知识图谱

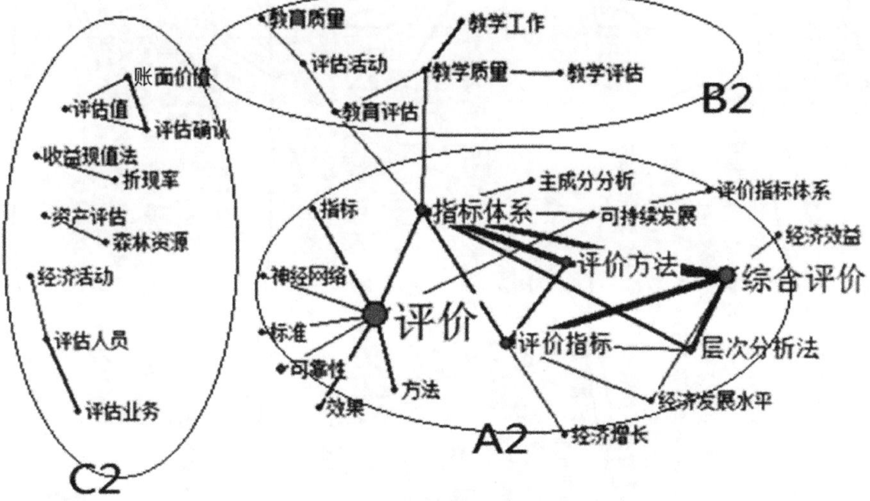

图 5-2　1999 年评价研究主题知识图谱

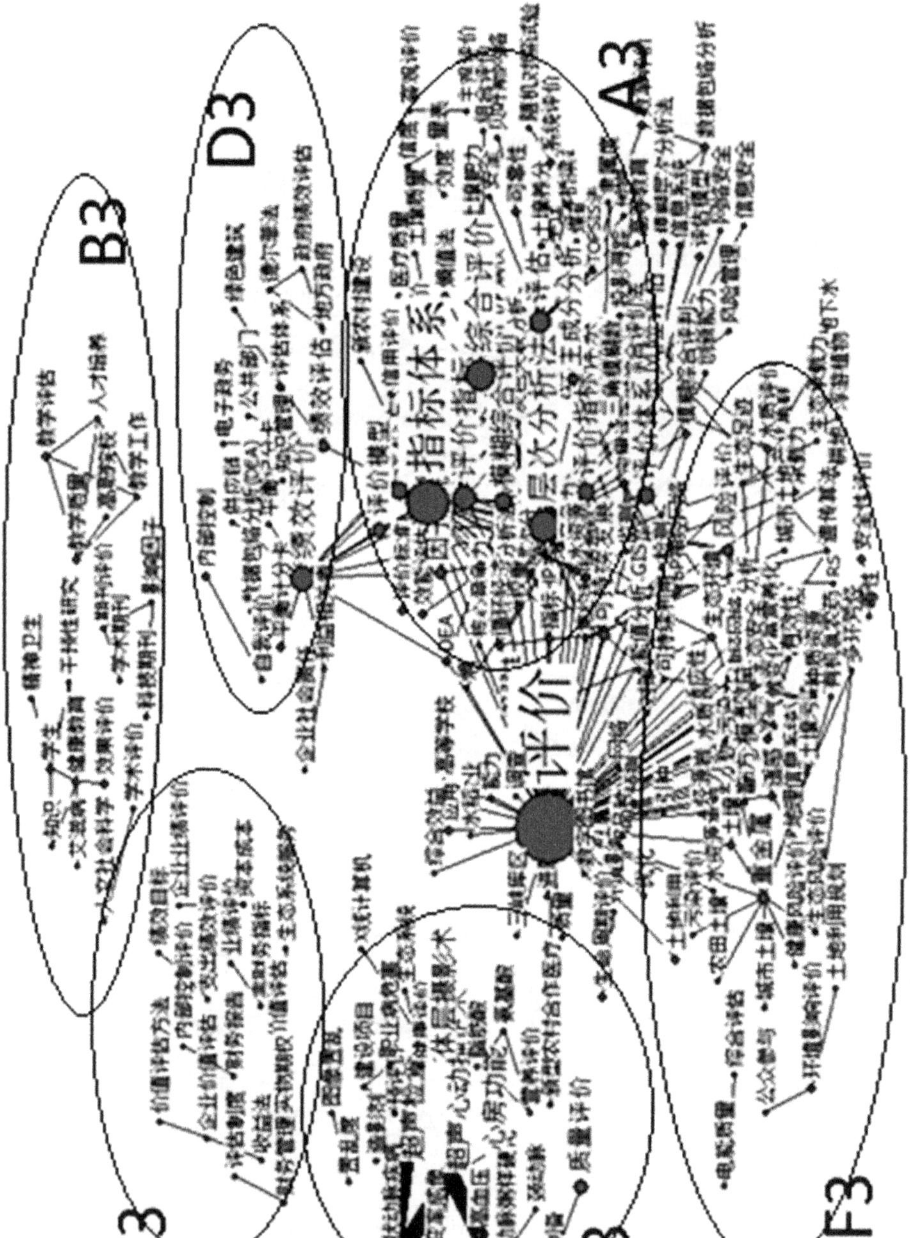

图5-3 2009年评价研究主题知识图谱

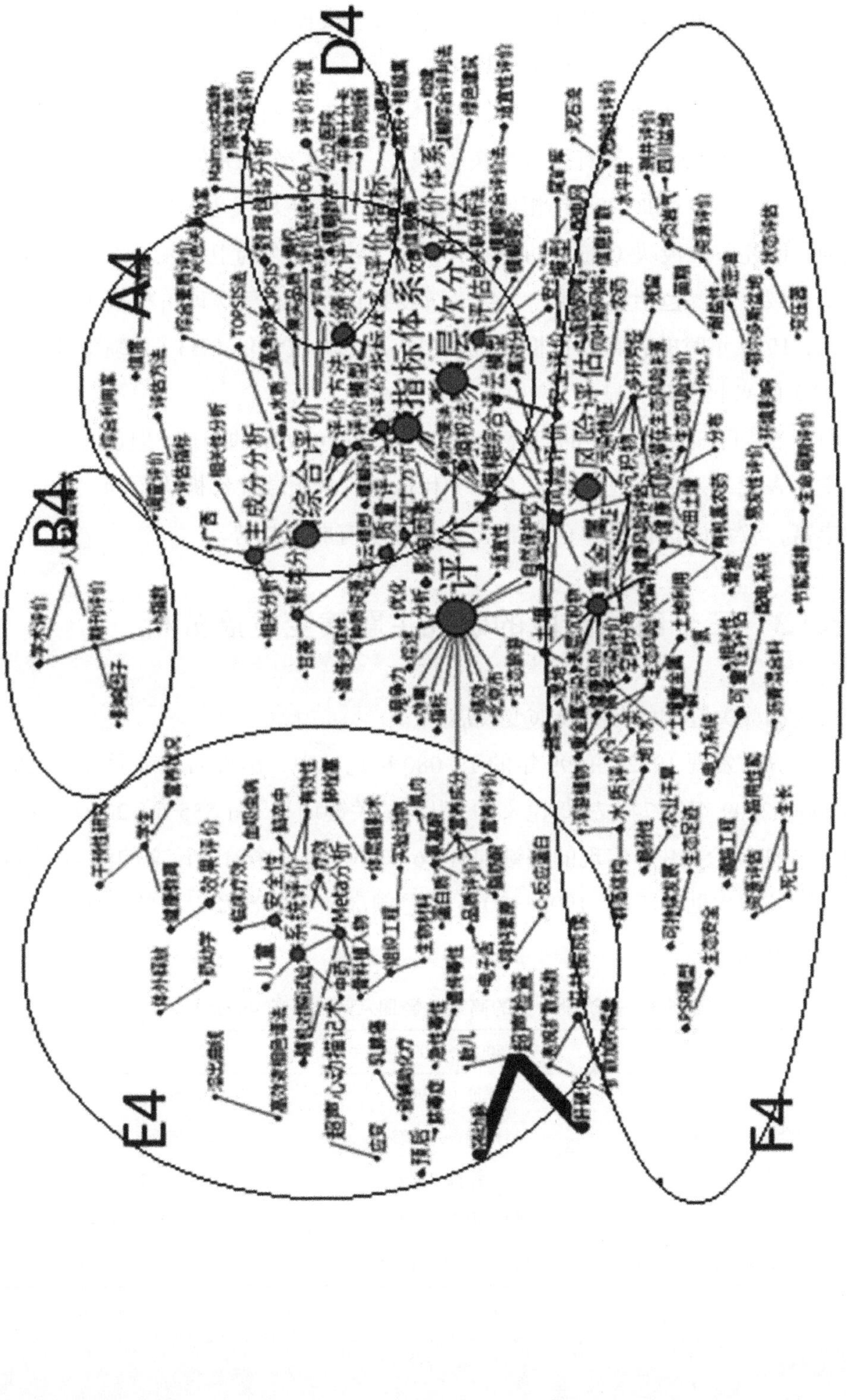

图5-4 2016年评价研究主题知识图谱

由图 5-1 可知，1992 年的研究主题主要有三大板块：研究方法板块（A1）；教育评价板块（B1）；经济评价板块（C1）。

由图 5-2 可知，1999 年的研究主题基本和 1992 年的类似，仍然是三大板块：研究方法板块（A2）；教育评价板块（B2）；企业/经济评价板块（C2）。

由图 5-3 可知，和 1999 年相比，2009 年的研究主题发生了较大变化，主要表现为：研究方法板块（A3）的内容有了很大丰富；医药卫生领域（E3）和自然科学领域（主要包括重金属、土壤、沉积物价、生态等）评价板块（F3）异军突起；1999 年时的教育评价板块进一步扩展为科教评价（B3）；绩效评价领域（D3）的兴起也较明显。

由图 5-4 可知，2016 年的研究主题整体上和 2009 年的相似，但也有一些变化，主要表现为：医药卫生领域（E4）和自然科学领域评价板块（F4）的内容更为丰富；教育评价板块和企业/经济评价板块有弱化趋势。

5.1.3 三个时间阶段的研究主题演变发展分析

（1）高频关键词的分布及演变发展

经计算，发现 1992—1999 年的 19 080 篇论文中，出现的关键词有 69 399 个；2000—2009 年的 74 177 篇论文中，出现的关键词有 131 535 个；2010—2016 年的 97 793 篇论文中，出现的关键词有 161 036 个。三个阶段论文的前 40 个高频关键词及频次见表 5-3，1992—2016 年总频次在 300 次及以上的前 132 个高频关键词见表 5-4。

表 5-3 各阶段论文的高频关键词及频次（前 40 个）

1992—1999 年	2000—2009 年	2010—2016 年
评价（873）	评价（5390）	评价（4793）
综合评价（769）	指标体系（2973）	指标体系（2972）
评价方法（553）	综合评价（2396）	层次分析法（2665）
指标体系（511）	评价指标（1725）	综合评价（2260）
评价指标（396）	层次分析法（1660）	评价指标（1987）

续表

1992—1999 年	2000—2009 年	2010—2016 年
效果评价（263）	评估（1651）	风险评估（1774）
评估（217）	评价方法（1377）	绩效评价（1731）
层次分析法（201）	绩效评价（1104）	评估（1704）
经济评价（179）	模糊综合评价（833）	评价体系（1288）
教学质量（143）	评价指标体系（756）	重金属（1264）
环境影响评价（127）	评价体系（745）	评价指标体系（1193）
评估人员（127）	风险评估（645）	评价方法（1156）
评价标准（126）	可持续发展（609）	模糊综合评价（1105）
超声心动图（120）	评价模型（570）	主成分分析（1039）
质量评价（117）	质量评价（513）	风险评价（964）
收益现值法（115）	因子分析（458）	因子分析（817）
应收账款（103）	主成分分析（457）	系统评价（809）
模糊综合评判（102）	效果评价（456）	评价模型（796）
教育评估（98）	评价标准（453）	质量评价（794）
经济效益评价（95）	GIS（449）	聚类分析（581）
教学工作（93）	绩效评估（444）	安全评价（567）
模糊数学（92）	风险评价（440）	GIS（554）
定量评价（91）	模型（412）	Meta 分析（552）
教学效果（89）	模糊评价（400）	效果评价（531）
可靠性（85）	重金属（393）	绩效评估（522）
账面价值（84）	模糊数学（387）	安全性（508）
数学模型（84）	指标（373）	土壤（486）
现值（84）	安全评价（364）	数据包络分析（479）
水质评价（82）	权重（363）	模型（473）
现行市价法（79）	环境影响评价（359）	水质评价（454）
无形资产评估（79）	模糊综合评判（350）	影响因素（449）
重置成本（78）	磁共振成像（346）	评价标准（411）
经济发展（77）	教学质量（330）	可持续发展（408）

续表

1992—1999 年	2000—2009 年	2010—2016 年
CT（73）	可靠性（319）	磁共振成像（398）
评估目的（71）	价值评估（306）	权重（388）
企业经济效益（70）	神经网络（294）	AHP（373）
卫生防疫站（70）	数据包络分析（291）	熵权法（371）
教学评价（68）	体层摄影术，X 线计算机（290）	沉积物（361）
经济效益（67）	聚类分析（285）	可靠性（358）
建设项目（67）	地理信息系统（272）	模糊评价（357）

由表 5-3 可知，三个阶段的高频关键词在演变发展中，有三个特征比较明显：一是在 1992—1999 年，除了方法类关键词外，经济评价领域的高频关键词占了很大比重，如经济评价、收益现值法、应收账款、经济效益评价、账面价值、现值、现行市价法、重置成本、经济发展、企业经济效益、经济效益等，但这些关键词在第二、第三阶段都已弱化或消失。此外该阶段中出现的四个教育评价领域的高频关键词（教学质量、教学工作、教学效果、教学评价），在第二、第三阶段也都已弱化或消失。二是方法类关键词在三个阶段的发展中均呈增长态势，就 2010—2016 年来说，相比前两个发展阶段，频次增长明显的高频关键词主要有系统评价、聚类分析、Meta 分析、数据包络分析、AHP、熵权法等。三是就 2010—2016 年来说，相比于前两个发展阶段，属于评价对象类或评价领域类关键词且频次增长比较明显的高频关键词主要有重金属、土壤、沉积物等，这表明环境影响评价领域的论文有明显增长。

表 5-4　1992—2016 年总频次在 300 次及以上的高频关键词（前 132 个）

关键词	A1	B1	C1	A2	B2	C2	A3	B3	C3
评价	873	109.1	4.58	5390	539.0	7.27	4793	684.7	4.90
指标体系	511	63.9	2.68	2973	297.3	4.01	2972	424.6	3.04
综合评价	769	96.1	4.03	2396	239.6	3.23	2260	322.9	2.31
层次分析法	201	25.1	1.05	1660	166.0	2.24	2665	380.7	2.73

续表

关键词	A1	B1	C1	A2	B2	C2	A3	B3	C3
评价指标	396	49.5	2.08	1725	172.5	2.33	1987	283.9	2.03
评估	217	27.1	1.14	1651	165.1	2.23	1704	243.4	1.74
评价方法	553	69.1	2.90	1377	137.7	1.86	1156	165.1	1.18
绩效评价	10	1.3	0.05	1104	110.4	1.49	1731	247.3	1.77
风险评估	21	2.6	0.11	645	64.5	0.87	1774	253.4	1.81
评价体系	14	1.8	0.07	745	74.5	1.00	1288	184.0	1.32
模糊综合评价	44	5.5	0.23	833	83.3	1.12	1105	157.9	1.13
评价指标体系	30	3.8	0.16	756	75.6	1.02	1193	170.4	1.22
重金属	14	1.8	0.07	393	39.3	0.53	1264	180.6	1.29
主成分分析	49	6.1	0.26	457	45.7	0.62	1039	148.4	1.06
风险评价	39	4.9	0.20	440	44.0	0.59	964	137.7	0.99
质量评价	117	14.6	0.61	513	51.3	0.69	794	113.4	0.81
评价模型	38	4.8	0.20	570	57.0	0.77	796	113.7	0.81
因子分析	30	3.8	0.16	458	45.8	0.62	817	116.7	0.84
效果评价	263	32.9	1.38	456	45.6	0.61	531	75.9	0.54
可持续发展	49	6.1	0.26	609	60.9	0.82	408	58.3	0.42
GIS	14	1.8	0.07	449	44.9	0.61	554	79.1	0.57
评价标准	126	15.8	0.66	453	45.3	0.61	411	58.7	0.42
系统评价	14	1.8	0.07	157	15.7	0.21	809	115.6	0.83
绩效评估	0	0.0	0.00	444	44.4	0.60	522	74.6	0.53
安全评价	25	3.1	0.13	364	36.4	0.49	567	81.0	0.58
模型	46	5.8	0.24	412	41.2	0.56	473	67.6	0.48
聚类分析	39	4.9	0.20	285	28.5	0.38	581	83.0	0.59
水质评价	82	10.3	0.43	268	26.8	0.36	454	64.9	0.46
权重	41	5.1	0.21	363	36.3	0.49	388	55.4	0.40
数据包络分析	18	2.3	0.09	291	29.1	0.39	479	68.4	0.49
模糊评价	31	3.9	0.16	400	40.0	0.54	357	51.0	0.37
磁共振成像	43	5.4	0.23	346	34.6	0.47	398	56.9	0.41
可靠性	85	10.6	0.45	319	31.9	0.43	358	51.1	0.37

续表

关键词	A1	B1	C1	A2	B2	C2	A3	B3	C3
模糊数学	92	11.5	0.48	387	38.7	0.52	273	39.0	0.28
安全性	15	1.9	0.08	207	20.7	0.28	508	72.6	0.52
模糊综合评判	102	12.8	0.53	350	35.0	0.47	274	39.1	0.28
环境影响评价	127	15.9	0.67	359	35.9	0.48	238	34.0	0.24
影响因素	44	5.5	0.23	229	22.9	0.31	449	64.1	0.46
指标	43	5.4	0.23	373	37.3	0.50	284	40.6	0.29
土壤	20	2.5	0.10	175	17.5	0.24	486	69.4	0.50
教学质量	143	17.9	0.75	330	33.0	0.44	198	28.3	0.20
Meta 分析	0	0.0	0.00	58	5.8	0.08	552	78.9	0.56
价值评估	0	0.0	0.00	306	30.6	0.41	301	43.0	0.31
定量评价	91	11.4	0.48	230	23.0	0.31	269	38.4	0.28
可靠性评估	27	3.4	0.14	211	21.1	0.28	349	49.9	0.36
评估方法	28	3.5	0.15	237	23.7	0.32	319	45.6	0.33
性能评价	66	8.3	0.35	233	23.3	0.31	284	40.6	0.29
儿童	21	2.6	0.11	238	23.8	0.32	323	46.1	0.33
神经网络	42	5.3	0.22	294	29.4	0.40	222	31.7	0.23
AHP	7	0.9	0.04	169	16.9	0.23	373	53.3	0.38
超声心动描记术	18	2.3	0.09	222	22.2	0.30	303	43.3	0.31
稳定性	42	5.3	0.22	217	21.7	0.29	283	40.4	0.29
安全性评价	52	6.5	0.27	201	20.1	0.27	288	41.1	0.29
地理信息系统	55	6.9	0.29	272	27.2	0.37	214	30.6	0.22
预后	31	3.9	0.16	183	18.3	0.25	325	46.4	0.33
体层摄影术，X 线计算机	9	1.1	0.05	290	29.0	0.39	237	33.9	0.24
DEA	15	1.9	0.08	186	18.6	0.25	330	47.1	0.34
学生	0	0.0	0.00	223	22.3	0.30	305	43.6	0.31
经济评价	179	22.4	0.94	243	24.3	0.33	103	14.7	0.11
层次分析	41	5.1	0.21	202	20.2	0.27	269	38.4	0.28
评估模型	15	1.9	0.08	202	20.2	0.27	293	41.9	0.30
BP 神经网络	0	0.0	0.00	206	20.6	0.28	299	42.7	0.31

续表

关键词	A1	B1	C1	A2	B2	C2	A3	B3	C3
效能评估	0	0.0	0.00	231	23.1	0.31	270	38.6	0.28
超声检查	46	5.8	0.24	171	17.1	0.23	272	38.9	0.28
沉积物	7	0.9	0.04	115	11.5	0.16	361	51.6	0.37
健康教育	20	2.5	0.10	184	18.4	0.25	279	39.9	0.29
风险	20	2.5	0.10	206	20.6	0.28	254	36.3	0.26
竞争力	0	0.0	0.00	215	21.5	0.29	262	37.4	0.27
教学评价	68	8.5	0.36	215	21.5	0.29	194	27.7	0.20
熵权	0	0.0	0.00	134	13.4	0.18	339	48.4	0.35
熵权法	0	0.0	0.00	75	7.5	0.10	371	53.0	0.38
模糊综合评价法	0	0.0	0.00	101	10.1	0.14	339	48.4	0.35
土地利用	17	2.1	0.09	112	11.2	0.15	310	44.3	0.32
高血压	19	2.4	0.10	195	19.5	0.26	221	31.6	0.23
灰色关联分析	26	3.3	0.14	161	16.1	0.22	248	35.4	0.25
主成分分析法	18	2.3	0.09	144	14.4	0.19	270	38.6	0.28
高校	0	0.0	0.00	176	17.6	0.24	251	35.9	0.26
营养成分	18	2.3	0.09	128	12.8	0.17	271	38.7	0.28
超声心动图	120	15.0	0.63	160	16.0	0.22	136	19.4	0.14
效度	25	3.1	0.13	133	13.3	0.18	256	36.6	0.26
熵值法	9	1.1	0.05	89	8.9	0.12	311	44.4	0.32
污染评价	5	0.6	0.03	107	10.7	0.14	283	40.4	0.29
方法	58	7.3	0.30	200	20.0	0.27	134	19.1	0.14
健康风险评价	0	0.0	0.00	59	5.9	0.08	331	47.3	0.34
生态环境	29	3.6	0.15	191	19.1	0.26	157	22.4	0.16
评估体系	6	0.8	0.03	160	16.0	0.22	210	30.0	0.21
数学模型	84	10.5	0.44	184	18.4	0.25	108	15.4	0.11
随机对照试验	12	1.5	0.06	99	9.9	0.13	262	37.4	0.27
绩效	0	0.0	0.00	167	16.7	0.23	205	29.3	0.21
地下水	24	3.0	0.13	129	12.9	0.17	216	30.9	0.22
教学工作	93	11.6	0.49	234	23.4	0.32	42	6.0	0.04

续表

关键词	A1	B1	C1	A2	B2	C2	A3	B3	C3
平衡计分卡	0	0.0	0.00	143	14.3	0.19	225	32.1	0.23
诊断	30	3.8	0.16	171	17.1	0.23	165	23.6	0.17
水资源	15	1.9	0.08	185	18.5	0.25	165	23.6	0.17
教学评估	52	6.5	0.27	245	24.5	0.33	68	9.7	0.07
模糊层次分析法	0	0.0	0.00	108	10.8	0.15	252	36.0	0.26
综合评估	39	4.9	0.20	148	14.8	0.20	173	24.7	0.18
生命周期评价	10	1.3	0.05	140	14.0	0.19	209	29.9	0.21
支持向量机	0	0.0	0.00	139	13.9	0.19	219	31.3	0.22
效率评价	10	1.3	0.05	98	9.8	0.13	247	35.3	0.25
内部控制	21	2.6	0.11	125	12.5	0.17	209	29.9	0.21
粗糙集	0	0.0	0.00	126	12.6	0.17	228	32.6	0.23
信度	7	0.9	0.04	108	10.8	0.15	238	34.0	0.24
水质	36	4.5	0.19	143	14.3	0.19	174	24.9	0.18
评估指标	8	1.0	0.04	144	14.4	0.19	200	28.6	0.20
集对分析	6	0.8	0.03	99	9.9	0.13	245	35.0	0.25
安全评估	14	1.8	0.07	138	13.8	0.19	196	28.0	0.20
生活质量	35	4.4	0.18	151	15.1	0.20	159	22.7	0.16
遗传算法	0	0.0	0.00	187	18.7	0.25	154	22.0	0.16
遥感	11	1.4	0.06	151	15.1	0.20	173	24.7	0.18
经济效益	67	8.4	0.35	133	13.3	0.18	135	19.3	0.14
信息熵	0	0.0	0.00	113	11.3	0.15	221	31.6	0.23
重金属污染	16	2.0	0.08	102	10.2	0.14	214	30.6	0.22
营养评价	48	6.0	0.25	112	11.2	0.15	172	24.6	0.18
数值模拟	14	1.8	0.07	99	9.9	0.13	218	31.1	0.22
危险性评价	32	4.0	0.17	90	9.0	0.12	209	29.9	0.21
评价系统	61	7.6	0.32	160	16.0	0.22	106	15.1	0.11
有效性	7	0.9	0.04	124	12.4	0.17	195	27.9	0.20
质量	27	3.4	0.14	155	15.5	0.21	143	20.4	0.15
富营养化	21	2.6	0.11	142	14.2	0.19	161	23.0	0.16

续表

关键词	A1	B1	C1	A2	B2	C2	A3	B3	C3
美国	0	0.0	0.00	136	13.6	0.18	187	26.7	0.19
灰色关联度	15	1.9	0.08	130	13.0	0.18	176	25.1	0.18
生态安全	0	0.0	0.00	111	11.1	0.15	204	29.1	0.21
循环经济	0	0.0	0.00	166	16.6	0.22	148	21.1	0.15
糖尿病	13	1.6	0.07	129	12.9	0.17	170	24.3	0.17
服务质量	0	0.0	0.00	132	13.2	0.18	177	25.3	0.18
预测	39	4.9	0.20	128	12.8	0.17	141	20.1	0.14
教学效果	89	11.1	0.47	121	12.1	0.16	98	14.0	0.10
建设项目	67	8.4	0.35	159	15.9	0.21	80	11.4	0.08
生态风险	0	0.0	0.00	59	5.9	0.08	244	34.9	0.25
人工神经网络	40	5.0	0.21	190	19.0	0.26	72	10.3	0.07
道路工程	0	0.0	0.00	97	9.7	0.13	203	29.0	0.21

注：A1 表示 1992—1999 年高频关键词的总频次（单位：次），B1 表示 1992—1999 年高频关键词的年均频次(单位:次),C1 表示 1992—1999 年含某一个高频关键词的论文数量占该阶段论文总数的百分比(单位:%)；A2 表示 2000—2009 年高频关键词的总频次（单位：次），B2 表示 2000—2009 年高频关键词的年均频次（单位：次），C2 表示 2000—2009 年含某一个高频关键词的论文数量占该阶段论文总数的百分比（单位：%）；A3 表示 2010—2016 年高频关键词的总频次（单位：次），B3 表示 2010—2016 年高频关键词的年均频次（单位：次），C3 表示 2010—2016 年含某一个高频关键词的论文数量占该阶段论文总数的百分比（单位：%）

通过对比表 5-4 中三个阶段的高频关键词总频次、年均频次和含某一个高频关键词的论文数量占论文总数的百分比，可以发现，绝大多数高频关键词的年均频次呈增长态势，这说明我国评价类研究论文的总数在 1992—2016 年整体也呈增长态势。通过对比后两个阶段的数据可以发现，132 个高频关键词中有 123 个的年均频次呈增长态势，呈减少态势的只有 9 个；132 个高频关键词中，占年论文总数的百分比出现增长的有 73 个，占了 55%。其中就方法类关键词来说，增长态势较明显的主要有 Meta 分析、系统评价、熵权法、熵值法、模糊综合评价法、随机对照试验、集对分析、模糊层次分析法、主成分分析、AHP、信度、数值模拟、聚类分析等；增长态势较明显的评价对象类或评价领域类的高频关键词主要有健康风险评价、生态风险、重金属、沉积物、土壤、土地利用、风险评估、污染评价、效率评价、危险性评价、营养成分、重金属污染、道路工程等，见表 5-5。明显呈减少态势的高频关键词很少，主要有教学工作、教学评估、人工神经网络、经济评价、建设项目、数学模型、教学质量等，见表 5-6。

表 5-5 呈明显增长态势的高频关键词（2000—2016 年）

关键词	A2	B2	C2	A3	B3	C3	E	F
Meta 分析	58	5.8	0.08	552	78.9	0.56	1259.6	621.9
健康风险评价	59	5.9	0.08	331	47.3	0.34	701.5	325.5
系统评价	157	15.7	0.21	809	115.6	0.83	636.1	290.9
熵权法	75	7.5	0.10	371	53.0	0.38	606.7	275.2
生态风险	59	5.9	0.08	244	34.9	0.25	490.8	213.7
熵值法	89	8.9	0.12	311	44.4	0.32	399.2	165.1
模糊综合评价法	101	10.1	0.14	339	48.4	0.35	379.5	154.6
重金属	393	39.3	0.53	1264	180.6	1.29	359.5	144.0
沉积物	115	11.5	0.16	361	51.6	0.37	348.4	138.1
土壤	175	17.5	0.24	486	69.4	0.50	296.7	110.6
土地利用	112	11.2	0.15	310	44.3	0.32	295.4	109.9
风险评估	645	64.5	0.87	1774	253.4	1.81	292.9	108.6
随机对照试验	99	9.9	0.13	262	37.4	0.27	278.1	100.7
污染评价	107	10.7	0.14	283	40.4	0.29	277.8	100.6
熵权	134	13.4	0.18	339	48.4	0.35	261.4	91.9
效率评价	98	9.8	0.13	247	35.3	0.25	260.1	91.2
集对分析	99	9.9	0.13	245	35.0	0.25	253.5	87.7
安全性	207	20.7	0.28	508	72.6	0.52	250.6	86.1
模糊层次分析法	108	10.8	0.15	252	36.0	0.26	233.3	77.0
危险性评价	90	9	0.12	209	29.9	0.21	231.7	76.1
主成分分析	457	45.7	0.62	1039	148.4	1.06	224.8	72.4
AHP	169	16.9	0.23	373	53.3	0.38	215.3	67.4
信度	108	10.8	0.15	238	34.0	0.24	214.8	67.2
数值模拟	99	9.9	0.13	218	31.1	0.22	214.6	67.0
风险评价	440	44	0.59	964	137.7	0.99	213.0	66.2
营养成分	128	12.8	0.17	271	38.7	0.28	202.5	60.6

续表

关键词	A2	B2	C2	A3	B3	C3	E	F
重金属污染	102	10.2	0.14	214	30.6	0.22	199.7	59.1
道路工程	97	9.7	0.13	203	29.0	0.21	199.0	58.7
聚类分析	285	28.5	0.38	581	83.0	0.59	191.2	54.6

注：A2 表示 2000—2009 年高频关键词的总频次（单位：次），B2 表示 2000—2009 年高频关键词的年均频次（单位：次），C2 表示 2000—2009 年含某一个关键词的论文数量占该阶段论文总数的百分比（单位：%）；A3 表示 2010—2016 年高频关键词的总频次（单位：次），B3 表示 2010—2016 年高频关键词的年均频次（单位：次），C3 表示 2010—2016 年含某一个关键词的论文数量占该阶段论文总数的百分比（单位：%）；E=（B3–B2）/B2，表示年均频次的增幅；F=（C3–C2）/C2，表示论文占比的增幅（单位：%）；表 5-6 同

表 5-6　明显呈减少态势的高频关键词（2000—2016 年）

关键词	A2	B2	C2	A3	B3	C3	E	F
教学质量	330	33	0.44	198	28.3	0.20	–14.3	–54.5
数学模型	184	18.4	0.25	108	15.4	0.11	–16.1	–55.5
建设项目	159	15.9	0.21	80	11.4	0.08	–28.1	–61.8
经济评价	243	24.3	0.33	103	14.7	0.11	–39.4	–67.8
人工神经网络	190	19	0.26	72	10.3	0.07	–45.9	–71.3
教学评估	245	24.5	0.33	68	9.7	0.07	–60.3	–78.9
教学工作	234	23.4	0.32	42	6.0	0.04	–74.4	–86.4

从整体态势看，三个时间阶段的研究主题的演变主要有以下特征：一是方法类关键词越来越多，越来越丰富，这既反映了研究方法的累积性特征，同时反映了研究方法方面的发展比较好，出现了一些新评价方法；二是自然科学领域中新增加的高频关键词比较多，特别是关于风险评价、污染评价方面的比较多；三是教育评价方面的整体影响近年来有弱化趋势。

（2）论文研究主题知识图谱的演变发展

1992—1999 年、2000—2009 年、2010—2016 年三个时间段核心期刊论文的研究主题知识图谱见图 5-5（图中的关键词频次阈值为≥16，共现次数为≥6）、图 5-6（图中的关键词频次阈值为≥44，共现次数为≥15）、图 5-7（图中的关键词频次阈值为≥58，共现次数为≥18）。

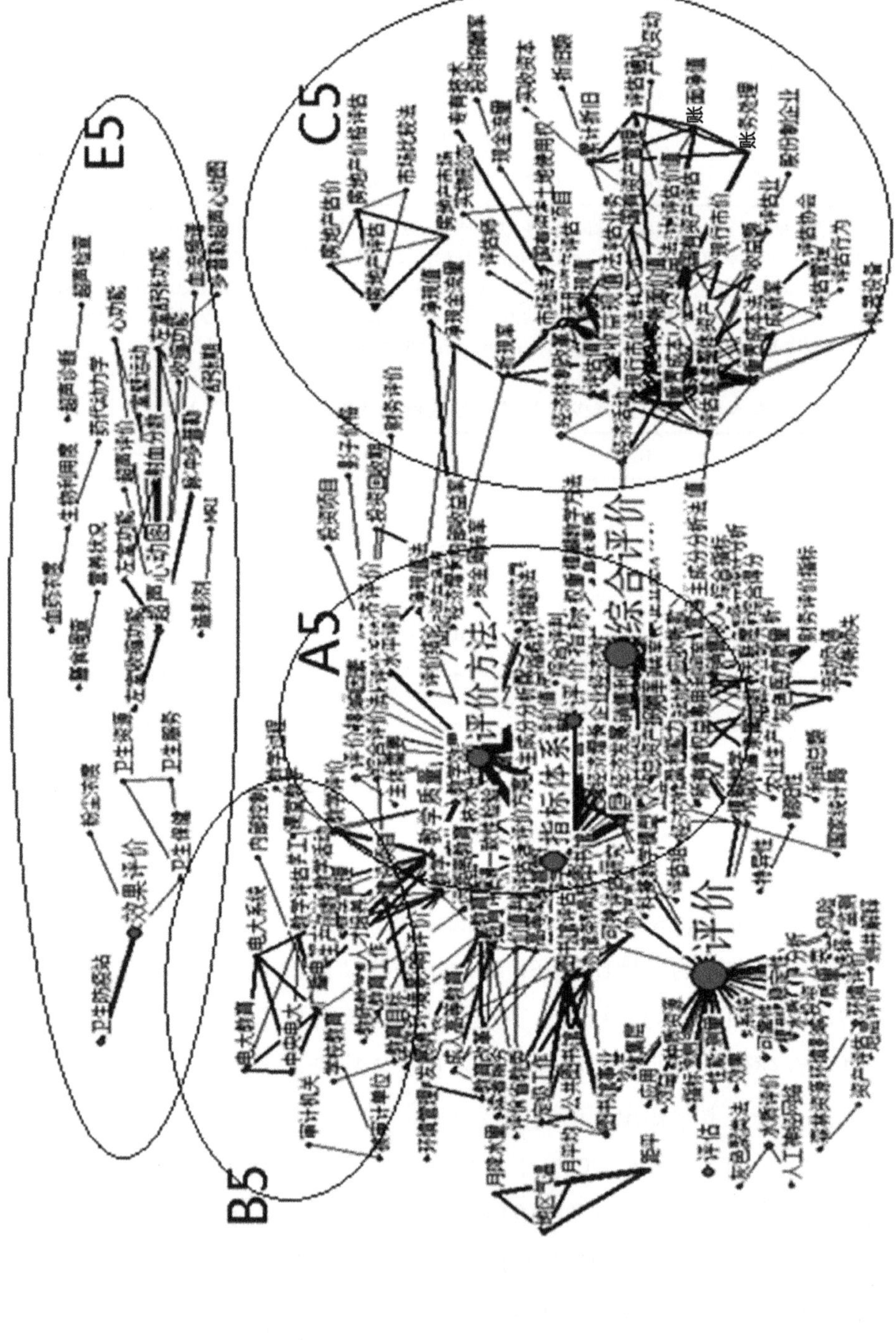

图5-5 1992—1999年评价研究主题知识图谱

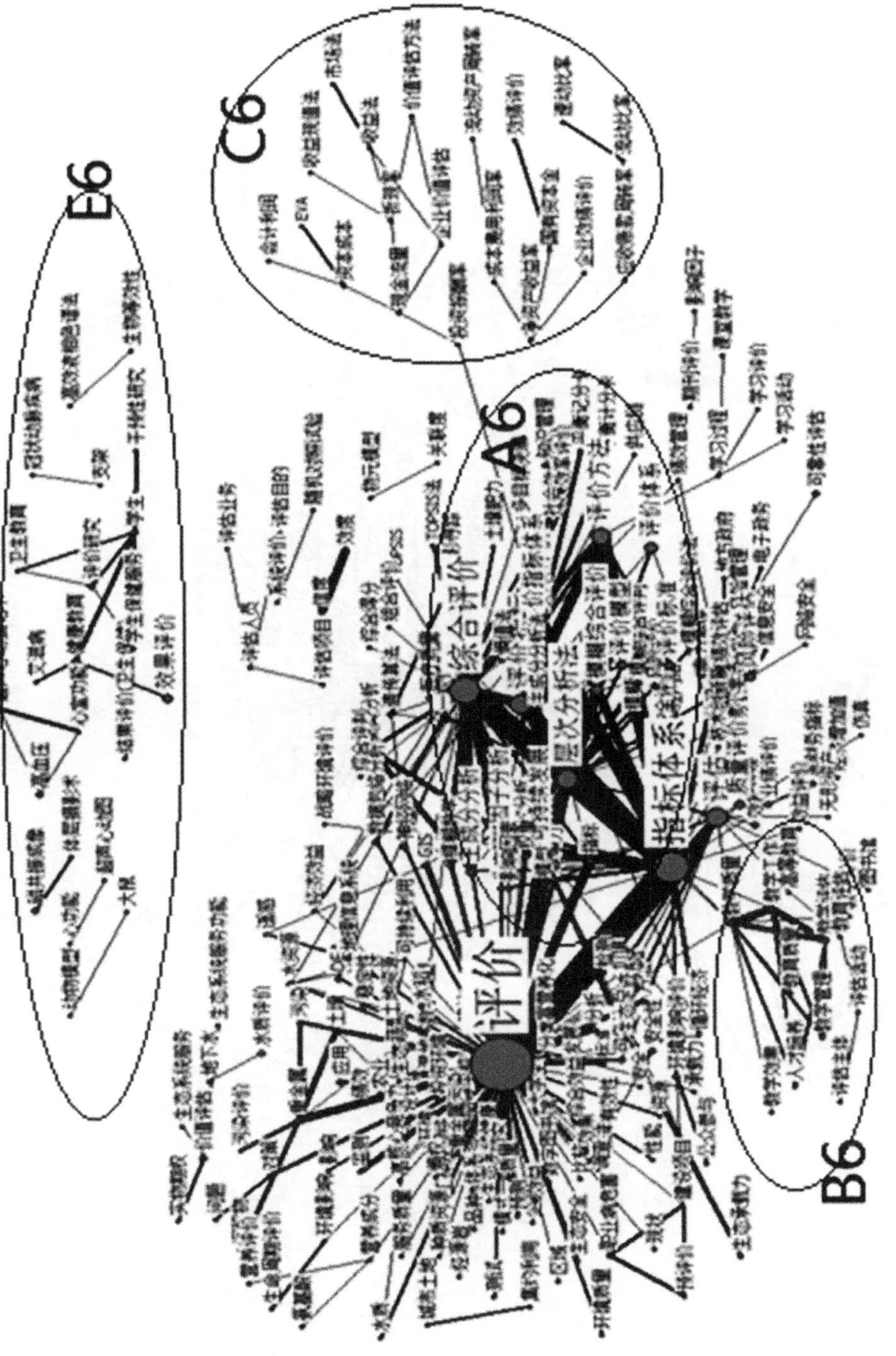

图5-6 2000—2009年评价研究主题知识图谱

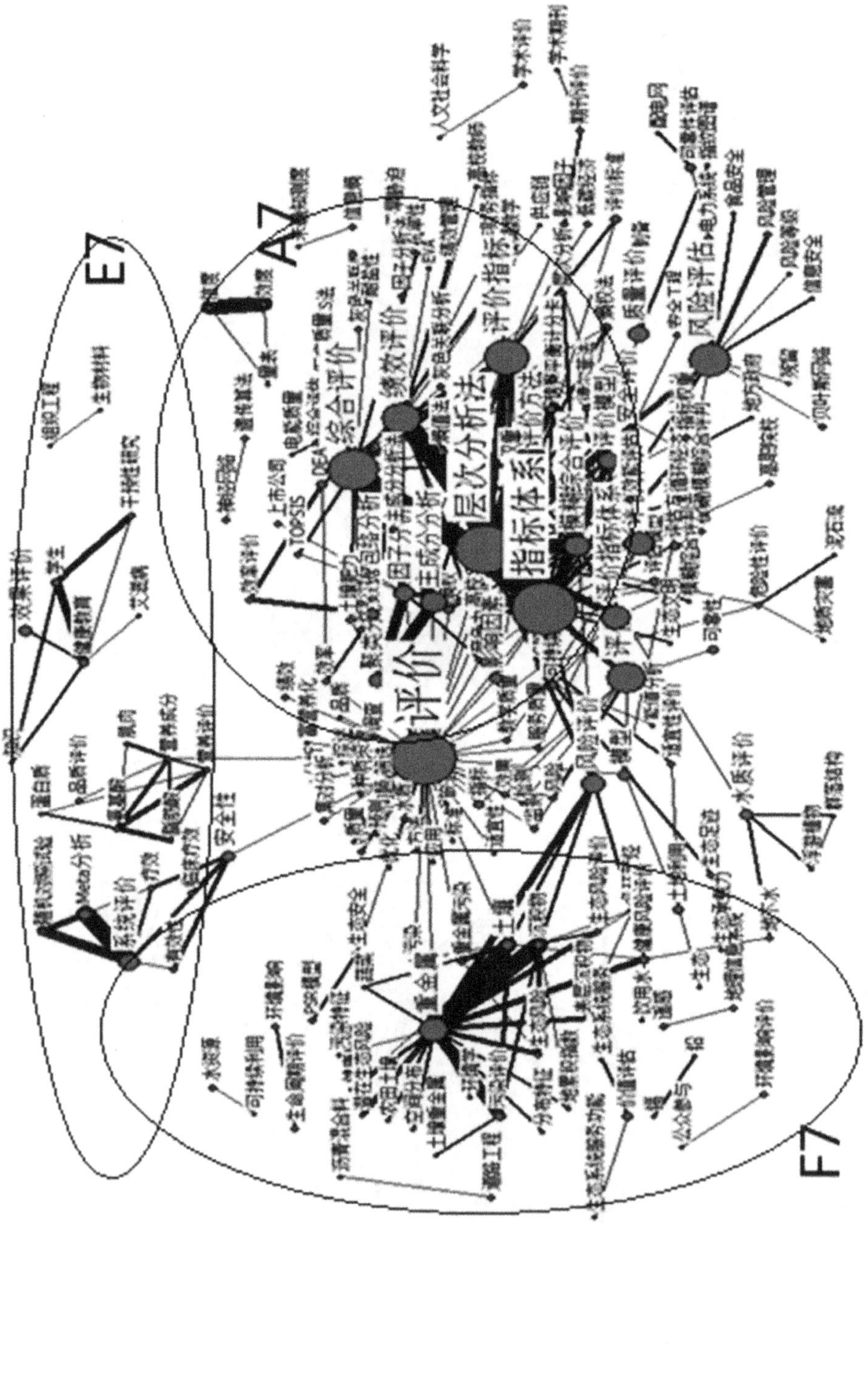

图5-7 2010—2016年评价研究主题知识图谱

由图 5-5 可知，1992—1999 年的评价研究主题中，主要有三大板块：研究方法板块（A5）、企业/经济评价板块（C5）、医药卫生板块（E5）。此外，教育评价板块（B5）的评价类研究主题也较突出。

由图 5-6 可知，2000—2009 年的评价研究主题基本和 1992—1999 年的类似，主要也有三大板块：研究方法板块（A6）、企业/经济评价板块（C6）和医药卫生板块（E6），此外，仍有教育评价板块（B6）。通过比较可以发现，企业/经济评价板块已经明显缩小。

进一步观察图 5-7 可知，和前两个阶段不同，2010—2016 年的评价研究主题已发生较大变化，主要表现在：企业/经济评价板块已经基本消失，取而代之的是自然科学领域（主要包括重金属、土壤、沉积物、生态等）评价板块（F7）的异军突起。此外，风险评价、风险评估等方面的内容也有明显增加。

综合上述两种视角下高频关键词和评价研究主题知识图谱的发展演变，可以得出以下基本结论。

1）1992—2016 年，特别是 2010—2016 年，方法类关键词呈不断增加态势，增幅比较明显的主要有 Meta 分析、熵权法、熵值法、模糊综合评价法、随机对照试验、集对分析、模糊层次分析法、主成分分析、AHP、信度、数值模拟、聚类分析等，这说明研究方法已经越来越丰富，且定量化评价方法呈明显增加态势。

2）从评价对象或评价领域来说，2010—2016 年，呈明显增加态势的主要有风险评价和自然科学领域的评价。具体来说，主要有健康风险评价、生态风险评价、重金属污染评价、沉积物评价、土壤评价、土地利用评价、污染评价、效率评价、危险性评价、营养成分评价、道路工程评价等。相对而言，2010—2016 年呈减少态势的主要有教学评价、经济评价等领域。

5.2　基于学术图书数据的评价研究主题计量分析

5.2.1　数据来源和研究方法

本章的学术图书数据主要来源于中国国家图书馆联机公共目录查询系统，考虑到国家图书馆对1949年前的图书收录得可能不够完整，笔者又选择了读秀学术搜索和瀚文民国图书库作为补充。具体的检索方式是以“评价”和“评估”作为检索词进行“正题名”检索，经过数据下载、数据清洗后，共获得14 088部学术图书的相关数据（检索日期为2017年3月26日至2017年4月3日），数据内容包括书名、作者/编者/译者、出版地、出版时间、版别等。

因为本章的主要任务是对研究主题的发展现状、发展态势和发展规律等进行分析，而学术图书数据中又恰恰缺乏关键词这类信息，唯一的方法是进行图书名的计量分析。为此，本书设计了如下研究思路：第一，依据图书名和出版社名等信息，通过人工操作的方法，对相关图书的研究主题进行其所属领域的提取和标示。例如，对《乌达矿区煤质特性及动态评价研究》这本图书，将其主题标示为“矿产评价”；对《美国中小学教师评价及典型案例》这本图书，将其主题标示为“教师评价”。第二，考虑到学术图书的数据量较庞大，全部要通过人工操作的方法对每本图书的主题进行提取和标示，工作量很大，很难完成，因此对1979年以后的数据，仍按照前面已经使用过的“打桩法”，重点选取1979年、1989年、1999年、2009年、2016年这五个节点年份的数据进行主题标示，并进行主题知识图谱分析；而对于1979年以前的数据，因为出版的图书总量比较有限，仍然进行全部的主题标示和分析。

5.2.2　学术图书研究主题的计量分析

（1）1949年以前的学术图书研究主题

经统计，1949年以前共出版了11部评价类图书，见表5-7，由此我们可以大致一窥早期研究的基本情况。

表 5-7　1949 年以前出版的评价类图书

作者	书名	出版社	出版年份
叶法无	文化评价 ABC	世界书局	1929
胡怀琛	中国文学评价	华通书局	1930
朱少轩	洛桑会议评价	上海良友图书印刷公司	1932
蒋廉	市地评价之研究	正中书局	1935
陈端志	五四运动之史的评价	生活书店	1935
国营金水流域农场	国营金水流域农场征收土地评价办法	国营金水流域农场	1936
姚承三	游击战评价	独立出版社	1939
谭可庵	土地评价要义	新建设出版社	1940
陈石孚等主讲	欧战评价及未来预测——外交问题研究座谈会纪录	外交问题研究会	1940
马绍伯	孟子学说底新评价	国民图书出版社	1943
彭芳草	联合国宪章的产生与评价	立达书店	1945

由表 5-7 可知，这 11 部图书的研究主题主要有历史和政治事件评价（4 部）、土地评价（3 部）、文化评价（1 部）、文学评价（1 部）、军事战略评价（1 部）、学术评价（1 部）等。显然，这些主题内容是和那个时代所处的大背景，如战争频发、国内外政治风云变幻、土地是最重要的资产等相吻合的。

（2）1949—1979 年的学术图书研究主题

经统计，该期间我国共出版评价类学术图书 66 部，其中属于历史评价和人物评价类的有 23 部，属于地质评价、矿产资源评价和水资源评价类的有 15 部，属于其他领域，如建筑工程评价、经济评价、国力评价、军力评价、文学评价类的各 1—3 部。从这些研究主题的组成来看，该期间学术图书的内容也是和那个年代的时代特征紧密相关的。从 1949 年新中国成立到 1978 年实行改革开放前，我国主要经历了战后重建、“大跃进”、“文化大革命”等几个阶段，而这些评价类学术图书所反映出来的研究主题，也是和上述几个阶段的发展历史高度吻合的。[①]

① 汤建民，邱均平. 基于图书计量视角看我国评价研究近百年来的发展[J]. 情报杂志，2017，36（8）：101-105.

比如，意识形态领域的研究主题比较多，农业、地质和矿产资源等生产建设领域的比较多，等等。

（3）五个节点年份的学术图书研究主题

1979年、1989年、1999年、2009年、2016年这五个节点年份的学术图书研究主题知识图谱分别见图5-8—图5-12。图中点的大小和标签字号的大小，代表该类型评价类学术图书数量的多少，点和标签字号越大，表示该类型图书的出版数量越多。

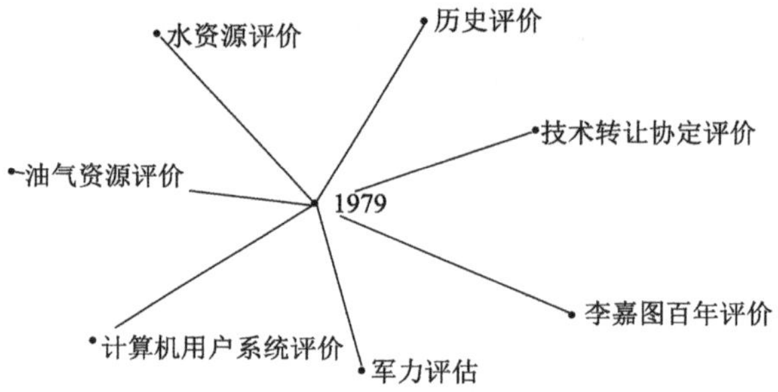

图5-8 1979年学术图书的主题内容

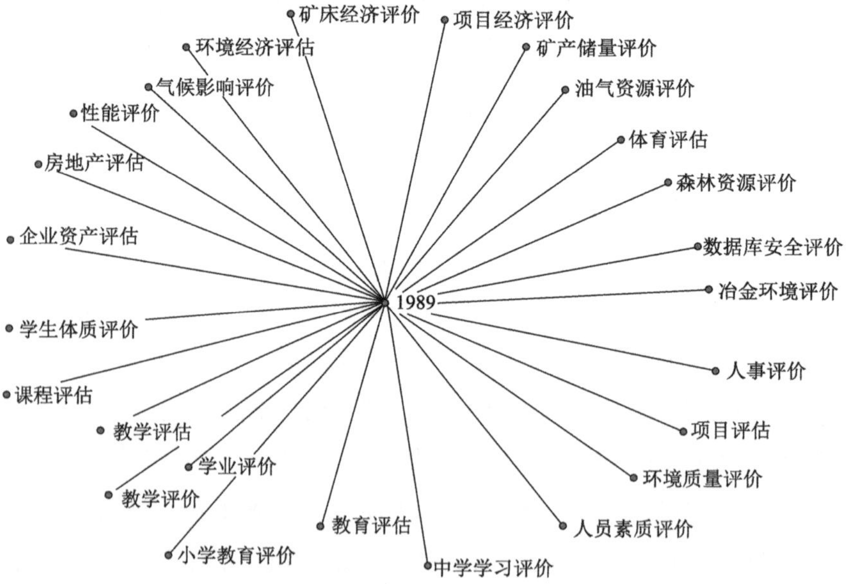

图5-9 1989年学术图书的主题内容

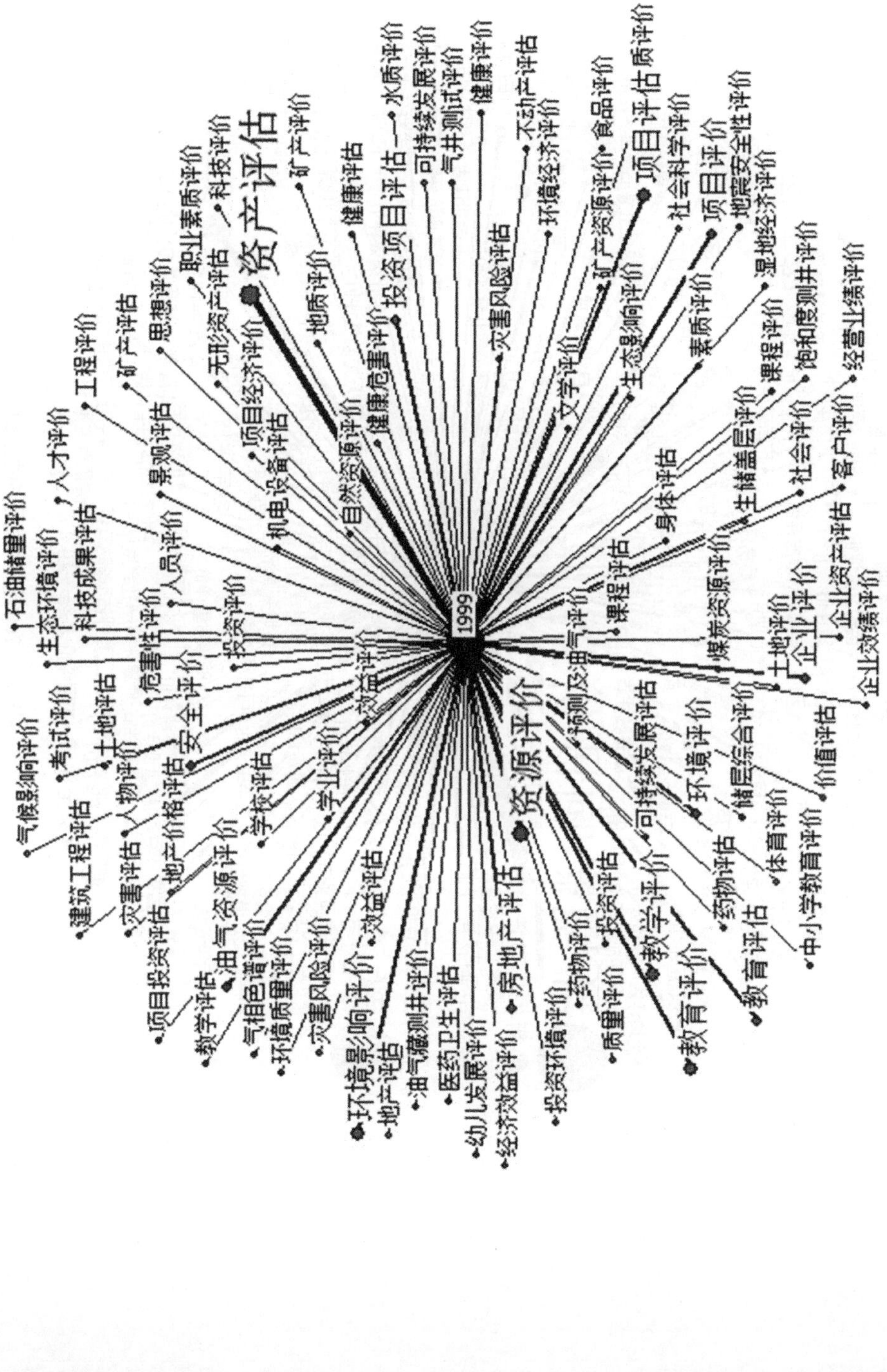

图5-10　1999年学术图书的主题内容

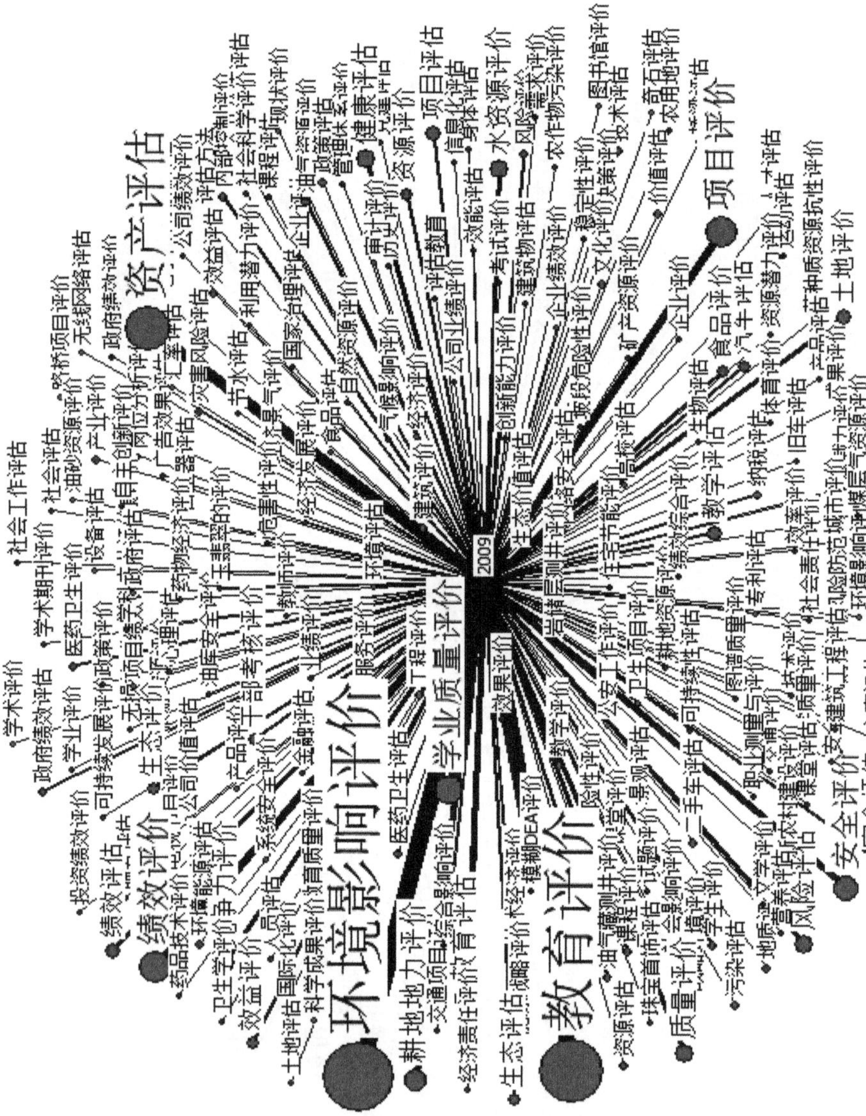

图5-11 2009年学术图书的主题内容

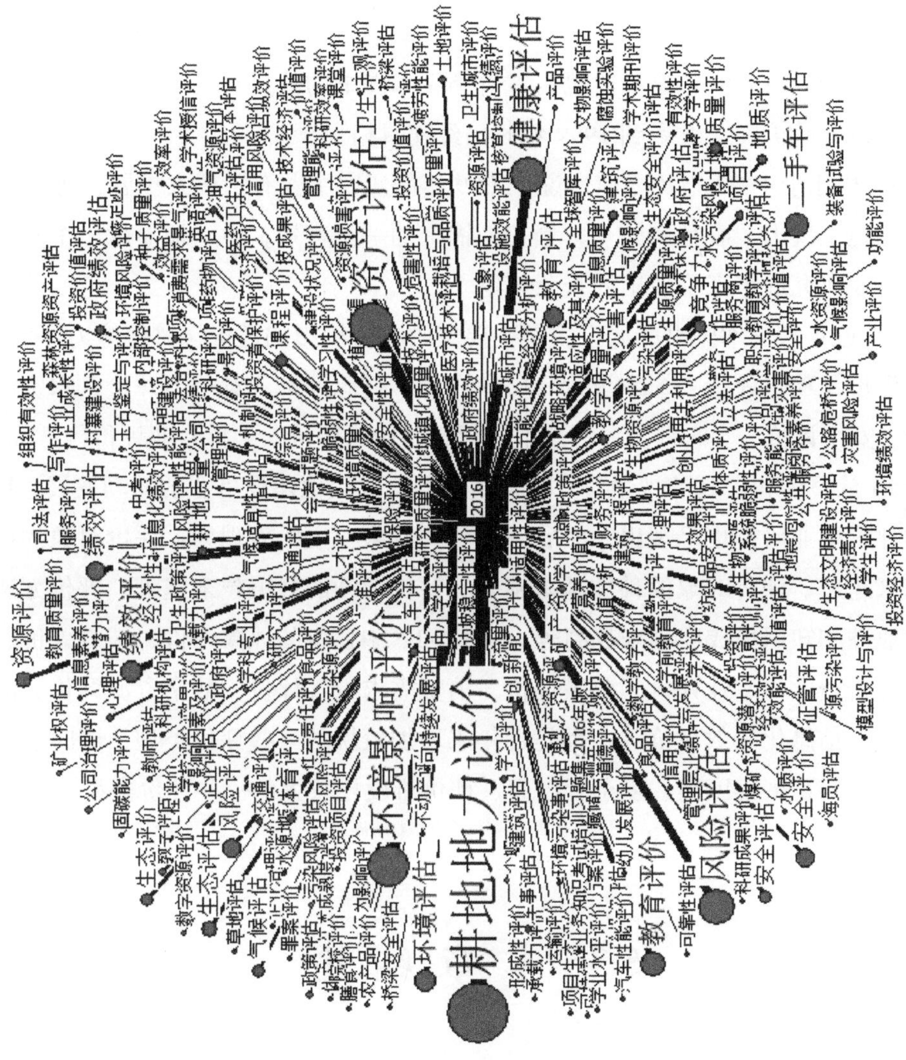

图5-12 2016年学术图书的主题内容

从图 5-8—图 5-12，可以发现以下一些规律。

1）1979 年以前，评价类学术图书数量很少，研究主题主要限于历史评价、人物评价、矿产资源评价、地质评价、土地和土壤评价、水资源评价、文学评价等方面。

2）1979—1999 年这一阶段，评价类学术图书的数量每年都有所增加，研究主题也开始扩展，发展到 1999 年时已经初具格局。

3）相比于 1999 年及之前来说，2009 年的研究主题有了很大扩展，到 2016 年，更是呈现出"春色满园""繁花似锦"的一派盛景，生动地显示出了我国评价事业研究近年来呈现出的繁荣气象。

4）近年来学术图书的研究主题主要集中在环境影响评价、耕地地力评价、教育评价、项目评价、绩效评价、质量评价、资源评价、竞争力评价、水资源评价、安全评价、生态评价、医药卫生评价、城市评价、学科专业评价等方面。

5）从整体和宏观的视角看，随着我国各项现代化建设事业的蓬勃发展，我国的评价事业研究也呈现出一派欣欣向荣的景象，主要表现为：评价对象的范围越来越广、评价对象的种类越来越多、评价活动的规模越来越大、评价方法的专业性和知识集成度越来越高等。[①]图 5-12 中显示的风险评价、绩效评价、生态评价、学科专业评价、政策评价、消费需求景气评价、数字资源评价、流量评价、信息化绩效评价等，都是近年来增加较快的一些评价类型，同时也是科学技术知识密集度高、复杂程度高、评价难度比较大的一些评价类型。

5.3　本章结论

综合上述各种视角的分析，可以得出以下一些带有规律性的结论。

① 汤建民，邱均平. 基于图书计量视角看我国评价研究近百年来的发展[J]. 情报杂志，2017，36（8）：101-105.

1）经过改革开放后几十年的积累，我国的评价研究已取得了长足发展，特别是最近十多年的发展速度尤为迅猛，研究成果呈现快速增加的态势。

2)从发展历史看,评价研究的繁荣程度和国家所处历史发展阶段密切相关。当国家处于政治稳定、社会和谐、经济繁荣的发展阶段时，评价研究就会得到繁荣发展，反之则会出现发展受阻，甚至停滞的现象。

3）评价研究随着时代和社会的发展而发展。就整体发展趋势而言，主要表现为：随着时间的推移，评价对象的范围越来越广、评价对象的种类越来越多，评价对象的规模越来越大，评价活动的复杂度和知识集成度越来越高。笔者认为，这种发展态势本质上是和全球人类活动的持续增强密切相关的。以至于不少科学家认为，现在地球所处的地质年代已不是“全新世”而是“人类世”①，人类已经大大地改变了地球环境，当今的地球已进入一个由人类主导的新的地球地质年代，而评价正是伴随这些人类活动的一种影子式存在。因此，从这个角度去理解，我们就可以推断，除非发生比较大的战争或政治环境发生重大变化等，否则评价研究活动必将进一步走向繁荣。这是一条不以人的主观意志而改变的客观规律。

4）近年来的研究主题主要集中在环境影响评价、教育评价、项目评价、安全评价、绩效评价、资源评价、质量评价、生态评价、耕地地力评价、水资源评价、风险评价、医药卫生评价等方面。从特征看，这些领域都是和人民生活质量及人民生活满意度密切相关的领域,也反映出了我国当今时代的发展态势。

5）就增长速度来说，近年来增长较为明显的主要有风险评价和自然科学领域的评价。具体说来，主要有健康风险评价、生态风险评价、重金属污染评价、沉积物评价、土壤评价、土地利用评价、污染评价、危险性评价、营养成分评价、道路工程评价等。相对而言，近年来可能呈弱化态势的主要有教学评价、经济评价等领域（当然，如果要确认这种发展趋势的话，还需要有更全面深入的研究，本书只是从关键词使用角度进行了计算分析）。

6）近 20 年来，特别是 2010 年以来，方法类关键词呈快速增加态势，其中

---

① 邓雪梅，简 · 扎拉斯维奇，马克 · 威廉姆斯，等. 地球步入“人类世”新地质时代[J]. 世界科学，2010，（5）：9-12.

增幅比较明显的主要有 Meta 分析、熵权法、熵值法、模糊综合评价法、随机对照试验、集对分析、模糊层次分析法、主成分分析、AHP、信度、数值模拟、聚类分析等，这表明评价领域的评价方法已经越来越丰富，且定量化评价方法呈现明显增长态势。

第六章

评价分支学科的发展分析

评价活动是人类最基本的活动之一，人类对于进入自己视野的，和自己相关的一切人、事、物，可以说无一不加以评价。显然，评价活动与人类生活的密切相关性，决定了评价活动从总体上必然具有复杂性、多样性、综合性、艰巨性等特点，也决定了评价科学既具有理论的一面，又具有应用的一面，还决定了评价科学必然是一个涉及各行各业和包括诸多分支学科的集合体。评价科学的发展不仅表现为该领域知识总量的增加，更表现为其分支学科数量的不断增加和其内容的不断完善和成熟。

为了在新的历史条件下，站在一个新的起点上进一步明确评价科学的学科定位，推动评价科学的研究重心与时俱进，并进一步准确把握评价科学的发展方向，本章主要探讨我国评价分支学科的发展态势、发展特征和发展规律等问题。

6.1 数据来源和研究方法

一门学科的发展程度，主要取决于两种发展机制的共同作用：一是学科理智层面的，二是学科制度层面的，学科发展史是学科理智史和学科制度史的双重动态史。[①]要考察我国评价分支学科的发展态势，最重要的是要考察其理智层面的发展现状。而从科学计量学的角度看，则可以从考察最近几年各类评价研究成果，包括期刊论文、学位论文、学术图书的学科分布、高频关键词分布和研究主题知识图谱，以及我国已发表的元研究类成果等方面展开。

鉴于第五章已经从高频关键词分布和研究主题知识图谱视角基本回答了我国评价研究主题的发展问题，本章主要从我国评价研究成果中的元研究类成果的分布和发展态势这一视角出发，来考察各评价分支学科的发展态势。

按照学界的一般理解，所谓“元研究”，是指对一门科学本身各种基础性问题的研究，包括研究对象、研究内容、学科定位、研究方法、创生背景、理论范式、分支学科、学科结构、发展动力和演进趋势等。通常，一门学科的元研究状况和该学科的成熟程度呈正相关，因为它可以在一定程度上反映这门学科的成熟程度、活跃程度。[②]为此，本章对中国知网期刊论文数据库、中国知网学位论文数据库、中国国家图书馆图书目录数据库等数据库中篇名和图书名中包含“评价学”“评价论”“评估学”“评估论”“评价科学”“评估科学”“评价史”“评估史”等关键词的文献进行了检索，时间选择“不限”（检索日期为 2017 年 6 月 18 日），并对获得的数据进行了人工数据清洗，如剔除无关数据、重复数据，然后将其建成一个 Excel 表，最后进行计量分析。由于在中国知网学位论文数据库中没有检索到相关论文，所以下面主要考察期刊论文和

① 方文. 社会心理学的演化：一种学科制度视角[J]. 中国社会科学，2001，（6）：126-136，207.
② 王续琨，等. 管理科学学科演进论[M]. 北京：人民出版社，2012：429.

学术图书中的元研究类成果的发展态势。

6.2 元研究类成果的计量分析

6.2.1 期刊论文中的元研究类成果分析

在中国知网期刊论文数据库中检索到的元研究类成果共有 61 篇，其年度数量分布见图 6-1。

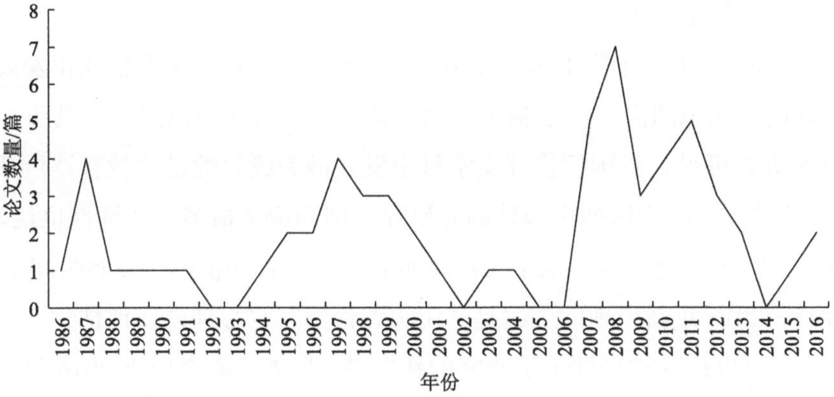

图 6-1　元研究类期刊论文的年度数量分布（1986—2016 年）

由图 6-1 可见，整体来看，评价领域的元研究类期刊论文的发表数量还极为有限。

最早的一篇出现在 1986 年，是程晗发表在《教育评论》上的《关于建立“教育评价学”的刍议》，在这篇论文中，作者分析了教育评价学兴起的原因、发展的趋势，讨论了教育评价学与教育测量学、教育统计学、教育管理学、比较教育学的相互关系，阐述了教育评价学的学科性质、任务和研究方法论。[①]元研

① 程晗. 关于建立“教育评价学”的刍议[J]. 教育评论，1986，（2）：14-18.

究类期刊论文出现最多的年份是 2008 年，达到了 7 篇，其次是 2007 年和 2011 年，各达到了 5 篇。

对这 61 篇期刊论文的内容进行分析，发现教育评价方面的论文最多，共 13 篇，其中教育评价学方面的有 9 篇、高等教育评估学方面的有 2 篇、大学诊断评价学方面的有 1 篇、高等教育评估史方面的有 1 篇；其次是资产评估学方面的论文和书评类论文，均为 9 篇，其中书评类论文包括《评价学：理论·方法·实践》一书的书评 3 篇，《人文社会科学评价理论与实践》《投资项目评估学》《高等学校绩效评价论》《评价论导论》《社会评价论》《评价论》等学术图书的书评各 1 篇；其他方面涉及的还有“环境影响评价学”“图书馆评价学”“科技评估学”“项目评估学”“土地评价学”“科学评价学”“档案评价学”“学术期刊评价学”“行政评估学”“统计评价学”“心理创伤评估学”“指数评估学”等，各 1—2 篇。

为了从时间角度观察 1986—2016 年元研究类期刊论文主题变化发展的情况，笔者使用知识图谱方法绘制了年度论文主题的共现知识图谱，见图 6-2。

由图 6-2 可见，我国评价分支学科中发展最为成熟的是“教育评价学”和“资产评估学”，因为这两个领域的元研究类期刊论文最多，持续性也最好。

从研究内容的进展看，最早关注元研究的是教育评价学，开始时间是 1986 年；2015—2016 年新出现的主题是“司法评价学”“心理创伤评估学”“指数评估学”，可以认为这是评价学研究的新发展。比如，高奇琦于 2016 年发表在《探索》上的《制度性话语权与指数评估学》一文提出，在国际上的话语权是国家实力的核心组成部分，增加话语权的方式有很多，而最为常见和最持续有效的就是通过制度来固化话语权，此即“制度性话语权”。目前，我国正处于与世界交汇的历史关键点上，我国既需要进一步学习国外的先进经验，同时也需要总结自己的经验并在国际社会中掌握制度性话语权，而构建某种“指数”或“评估指标”是构建制度性话语权的重要方式。因为由非政府的第三方机构制作和发布的指数和排名往往具有较强的科学性和中立性，而容易在国际互动中被

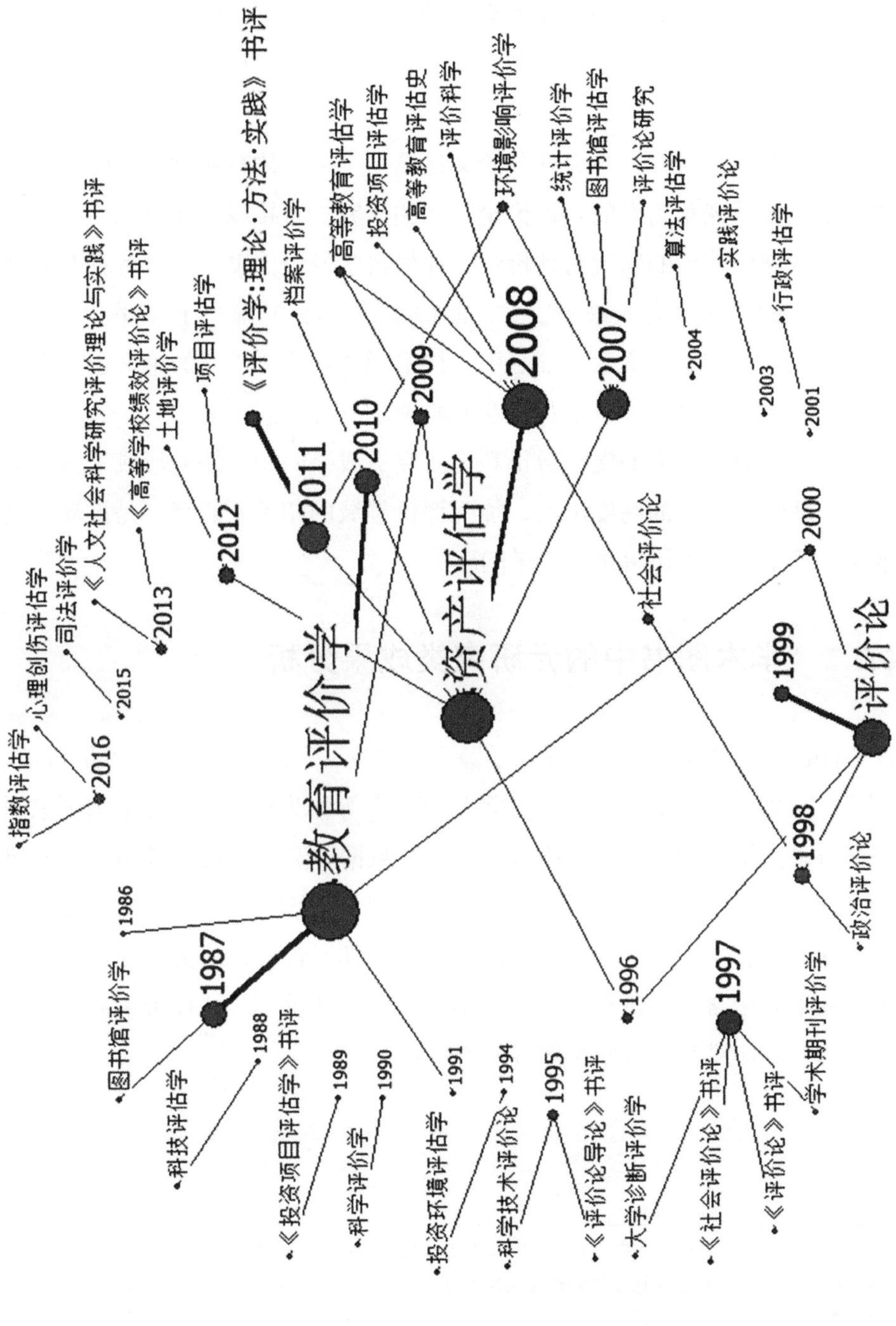

图6-2 元研究类期刊论文的年度主题分布（1986—2016年）

国际组织采纳，形成较强的国际影响力，从而构成制度性的话语权。[①]由此可见，该文将评价领域的地位、作用、功能和国际竞争联系在了一起，并且提出了比较可行的实现路径，既富有理论意义，也富有实践意义，可以认为是评价研究的新发展。

从研究论文的篇名看，绝大部分论文是属于某一具体行业领域内的评价研究，其次是从哲学视角出发的“评价论”相关研究。直接以“评价学”等作为研究对象，从学科建设的角度对评价学、评价科学及评价事业本身各种基础性问题进行研究的元研究类成果还较少，能检索到的是 3 篇关于《评价学：理论·方法·实践》的书评文章。篇名中直接出现“评价科学”的论文也只有一篇，即雷仲敏的《浅议评价科学及其发展的理论与实践》一文。[②]

显然，评价研究成果的庞大数量和元研究类成果的相对缺失形成了强烈对比。因此，从学科建设的高度出发，加强评价领域的相关元研究，是推动我国评价事业发展中必须加快解决的一个问题。

6.2.2 学术图书中的元研究类成果分析

以“评价学”“评价论”“评估学”“评估论”“评价科学”“评估科学”“评价史”“评估史”“评价事业”“评估事业”等作为检索词，在中国国家图书馆图书目录数据库的图书名称中检索，经过数据清洗后，共获得 169 部元研究类学术图书，其中书名中含“评价学”的有 24 部，含“评价论”的有 24 部，含“评估学”的有 117 部，含“评估论”的有 3 部，含“评估史”的有 1 部，尚没有发现书名中含“评价科学”“评估科学”“评价史”“评价事业”“评估事业”的，其年度数量分布见图 6-3 和表 6-1。

① 高奇琦. 制度性话语权与指数评估学[J]. 探索，2016，（1）：145-148.

② 雷仲敏. 浅议评价科学及其发展的理论与实践[J]. 青岛科技大学学报（社会科学版），2008，24（4）：60-68.

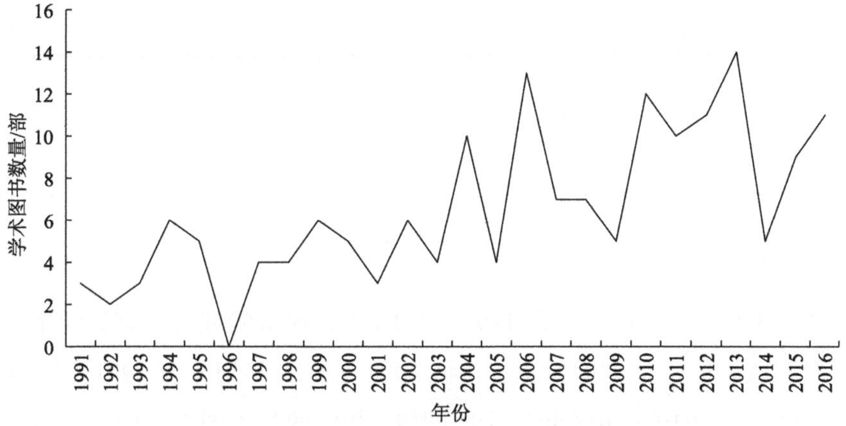

图 6-3 元研究类学术图书的年度数量分布（1991—2016 年）

表 6-1 元研究类学术图书分类别的年度数量统计（1991—2016 年） 单位：部

年份	1990 及以前	1991	1992	1993	1994	1995	1996	1997	1998
评价学	0	1	1	0	1	1	0	2	1
评估学	0	2	1	2	5	1	0	1	3
评价论	0	0	0	1	0	3	0	1	0
评估论	0	0	0	0	0	0	0	0	0
评估史	0	0	0	0	0	0	0	0	0
小计	0	3	2	3	6	5	0	4	4
年份	1999	2000	2001	2002	2003	2004	2005	2006	2007
评价学	1	1	0	0	1	1	1	5	1
评估学	3	3	3	4	3	8	3	4	6
评价论	2	1	0	2	0	1	0	3	0
评估论	0	0	0	0	0	0	0	1	0
评估史	0	0	0	0	0	0	0	0	0
小计	6	5	3	6	4	10	4	13	7
年份	2008	2009	2010	2011	2012	2013	2014	2015	2016
评价学	1	1	1	0	0	1	0	0	2
评估学	4	3	9	8	8	12	4	8	9
评价论	1	0	1	2	3	1	1	1	0

续表

年份	2008	2009	2010	2011	2012	2013	2014	2015	2016
评估论	1	1	0	0	0	0	0	0	0
评估史	0	0	1	0	0	0	0	0	0
小计	7	5	12	10	11	14	5	9	11

由图 6-3 和表 6-1 可见，在 1991—2016 年，评价领域元研究类学术图书的数量虽有起伏，但整体呈增长态势。将 1991—2016 年划分为 1991—1999 年、2000—2009 年、2010—2016 年三个时间段，相应的学术图书出版的数量分别为 33 部、64 部、72 部，由此可见，学术界对评价领域元研究的关注度越来越高。

在不同的发展阶段，评价领域元研究类学术图书的基本主题也有所变化，为此本书分别绘制了 1991—1999 年、2000—2009 年、2010—2016 年三个阶段图书名称的共现图谱，见图 6-4—图 6-6。图中点的大小和标签字号的大小代表学术图书数量的多少，点和字号越大，说明学术图书数量越多。

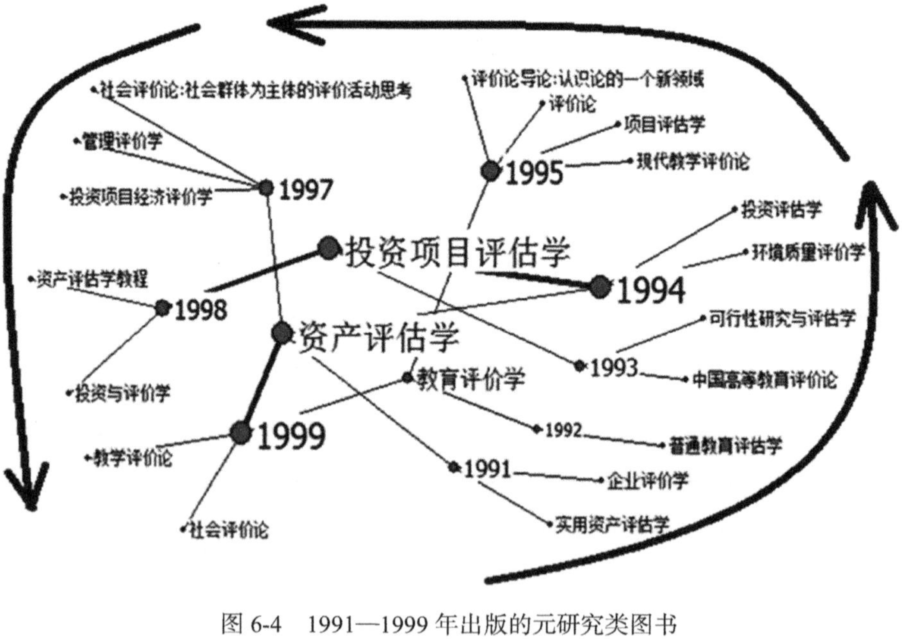

图 6-4　1991—1999 年出版的元研究类图书

图中黑色箭头是按时序画的，用于引导阅读，图 6-5、图 6-6 同

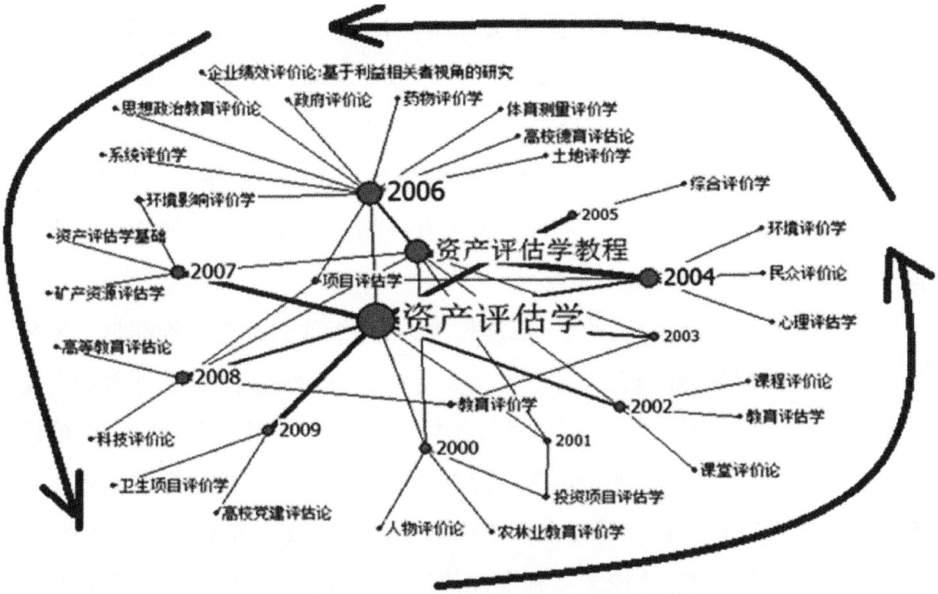

图 6-5　2000—2009 年出版的元研究类图书

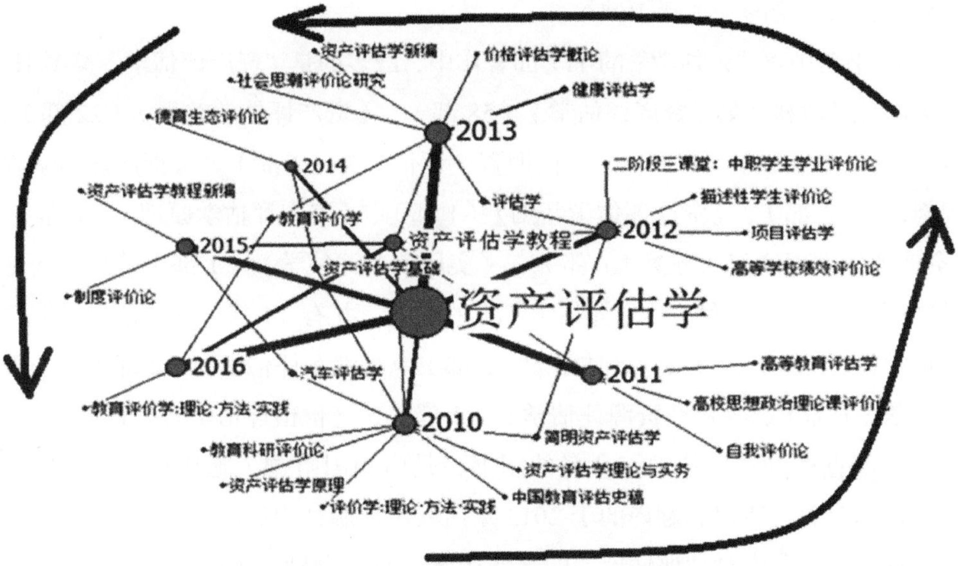

图 6-6　2010—2016 年出版的元研究类图书

进一步分析这些元研究类学术图书的书名，会有如下一些发现。

1）书名中含“评价学”的 24 部著作中，有 23 部的书名结构都是“××评价学”，其中《教育评价学》有 9 部，《环境（影响）评价学》有 4 部，《投资评价学》有 2 部，《土地评价学》《药物评价学》《体育测量评价学》《卫生项目评价学》《综合评价学》《系统评价学》《企业评价学》《管理评价学》等各 1 部。直接以“评价学”命名的著作有一部，即邱均平等著的《评价学：理论·方法·实践》一书。

2）书名中含“评价论”的 24 部著作中，有 22 部的书名结构都是“××评价论”，其中教育领域的有 11 部，如《高等教育评价论》《教学评价论》《课程评价论》《课堂评价论》《高等学校绩效评价论》《思想政治教育评价论》《教育科研评价论》《学生评价论》《德育生态评价论》；其他领域的则有《社会评价论》《人物评价论》《民众评价论》《企业绩效评价论》《政府评价论》《科技评价论》《自我评价论》《制度评价论》。直接以“评价论”命名的著作有两部，即冯平于 1995 年出版的《评价论》和陈新汉于 1995 年出版的《评价论导论：认识论的一个新领域》。

3）书名中含“评估学”的 117 部著作中，最多的是“资产评估学”类图书，绝大部分是教材，如《资产评估学》（58 部）、《资产评估学教程》（22 部）、《资产评估学基础》（3 部）、《简明资产评估学》（2 部）、《资产评估学教程新编》（1 部）、《资产评估学新编》（1 部）、《资产评估学原理》（1 部）、《资产评估学理论与实务》（1 部）、《实用资产评估学》（1 部）等。其次是“投资项目评估学”和“项目评估学”类的图书，共有 14 部。其他还有《健康评估学》（2 部）、《教育评估学》（3 部）、《汽车评估学》（2 部）、心理评估学（1 部）、《矿产资源评估学》（1 部）、《价格评估学》（1 部）等。另有一部直接以“评估学”命名的图书，是由赖因哈德·施托克曼和沃尔夫冈·梅耶合著、唐以志翻译的于 2012 年由人民出版社出版的《评估学》。

另外，书名中含“评估论”的著作还有 3 部，分别是《高等教育评估论》《高校党建评估论》《高校德育评估论》。

6.3 本章结论

综合上述各方面的数据分析，可以得到以下一些基本结论。

1）如果从学科建设和文献计量的角度进行考察，我国评价领域开展元研究的时间大致起始于 1986 年，最早关注的主题是“教育评价学”。

2）目前，元研究类成果数量比较多的是“资产评估学”“教育评价学”“项目评估学”“环境影响评价学”“药物评价学”“资源评价学”“健康评估学”等方面。由这些领域形成的各类评价学，是构成我国评价科学整体知识蓝图的主要学科。

3）虽然目前我国关于评价研究方面的学术图书已经出版了不少，总数已达 14 000 多部，但属于元研究类的学术图书数量还非常稀少，所占比例只有 1%多。如果只计算书名为“评价学”“评价论”“评估学”“评估论”而不计算“××评价学”“××评价论”“××评估学”“××评估论”的学术图书的话，则还不到 10 部。显然，具有系统性、综合性、普适性的元问题类评价理论研究成果的不足，将难以为各行业各领域开展各种评价实践活动提供理论上的有力支撑，从而影响了我国评价事业的全面快速发展。

4）就评价科学的整体发展态势和发展规律来说，笔者发现，最早得到发展的评价分支学科一般都是某个具体学科领域的，如教育评价学、项目评价学、环境影响评价学等。近年来研究成果开始明显增加的是按照评价属性归类的分支学科，如绩效评价学、风险评价学、竞争力评价学等。随着这些评价分支学科的发展，笔者预计，在未来几年中，研究评价领域具有一般性、普遍性、共同性的一般评价学科，如评价学概论、评价科学学等，有可能会有明显发展。

第七章

评价课题立项情况的发展分析

科学研究是一项需要经费支撑的事业，稳定的经费资助是促进课题顺利推进的重要条件之一。在我国，国家社会科学基金课题和国家自然科学基金课题是我国社会科学、自然科学研究课题中最重要的组成部分，是推动我国科学研究事业发展的重要动力之一，它们在一定程度上反映了我国各学科领域研究的最新进展，能够代表该领域的学术前沿和整体发展水平。为此本章的主要工作是拟对国家社会科学基金课题、国家自然科学基金课题中相关评价类项目进行统计分析，以期从该视角进一步考察我国评价事业的发展现状、发展态势及发展规律等。

7.1 数据来源和研究方法

国家社会科学基金课题评价类项目的数据来源于国家社科基金项目数据库（http://fz.people.com.cn/skygb/sk/index.php/Index/index，检索时间为 2017 年 7 月 26 日），考虑到国家社会科学基金网站中对教育学、艺术学这两个单列学科的课题数据收录得并不齐全，笔者又同时检索了全国教育科学规划课题（1983 年开始）和国家社会科学基金艺术学项目（1983 年开始）。具体的检索条件为课题立项的题目中包含“评价”或“评估”，时间跨度统一限定为 1991—2016 年。经过数据下载、数据清洗和数据整理后，共获得各类课题数据 1214 项。

国家自然科学基金评价类项目的数据来源于国家自然科学基金委员会网站（http://www.nsfc.gov.cn，检索时间为 2017 年 8 月 18 日），检索条件同样是课题立项的题目中包含“评价”或“评估”。由于该网站只能查询到 1999 年之后的数据，本章中的国家自然科学基金课题的数据有效时间为 1999—2016 年，经过数据下载、数据清洗和数据整理后，共获得 5614 项课题数据。由此可见，国家社会科学基金的课题数量明显少于国家自然科学基金的课题数量，因为前者采集的时间范围是 1991—2016 年，共得到 1214 项数据，而后者的采集时间范围缩短为 1999—2016 年，却有 5614 项数据。

课题类数据的要素项有课题名称、课题立项类型、课题负责人、课题负责人所在机构以及学科分类等，因此本章关于课题立项情况的发展态势分析也将主要围绕这几方面进行。需要指出的是，由于课题类数据中没有关键词信息，关于主题的分析只能通过人工方法或计算机分词方法从课题名称中提取。为了提高主题分析的精度，本书采用的是人工方法，然而国家自然科学基金的课题名称一般都很长，信息量非常大，要通过人工方法进行主题的准确提炼，几乎没有可能，因此本章的主题分析只针对国家社会科学基金课题数据。

7.2 基于国家社会科学基金课题数据的计量分析

7.2.1 历年课题立项数量的变化轨迹

评价类国家社会科学课题立项数量的年度分布情况见图 7-1。

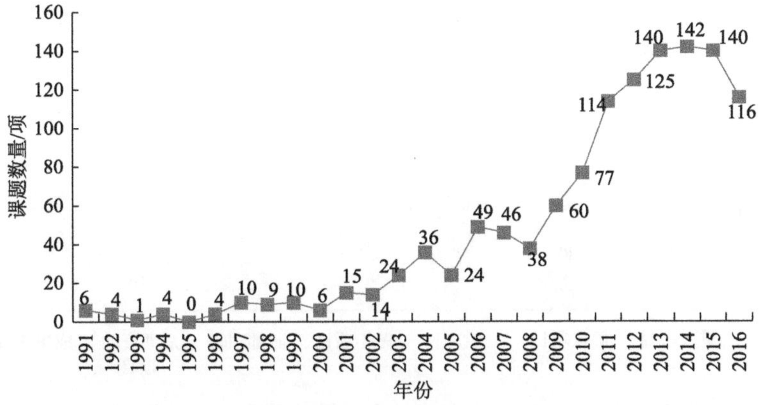

图 7-1 评价类国家社会科学课题立项数量的年度分布（1991—2016 年）

由图 7-1 可知，评价类国家社会科学课题的立项数量整体上呈上升趋势。如果仍然按照 1991—1999 年、2000—2009 年、2010—2016 年划分阶段，那么这三个阶段的课题立项数量分别是 48 项、312 项和 854 项，年均课题立项数量则分别为 5.3 项、31.2 项、122 项，由此可见，评价类项目在这 20 多年的增长极为迅速，说明该学科正处于蓬勃发展的阶段。一门学科的发展速度与规模在本质上是由社会、政府以及学科自身等多种因素综合决定的。例如，社会的进步和发展对该学科提出了越来越多的要求，政府认可该学科的存在价值并通过设立科学基金的形式进行扶持，学科通过自身的累积具备了进一步发展的基础，这些都是推动学科发展、引导科研方向、加速学科发展进程的有利因素。[①]

① 赵蓉英，赵浚吟，陈必坤. 我国“图书馆、情报与档案管理”学科的研究现状分析——以 2001—2012 年国家基金项目为视角[J]. 情报杂志，2013，32（7）：106-112.

7.2.2 课题立项类型的变化分析

我国社会科学项目按类型可分为重大项目、重点项目、一般项目、青年项目、西部项目、中华学术外译项目、后期资助项目和成果文库等。经统计，1991—2016年国家社会科学基金课题立项类型分布情况如图7-2所示，每年的分布情况见表7-1。

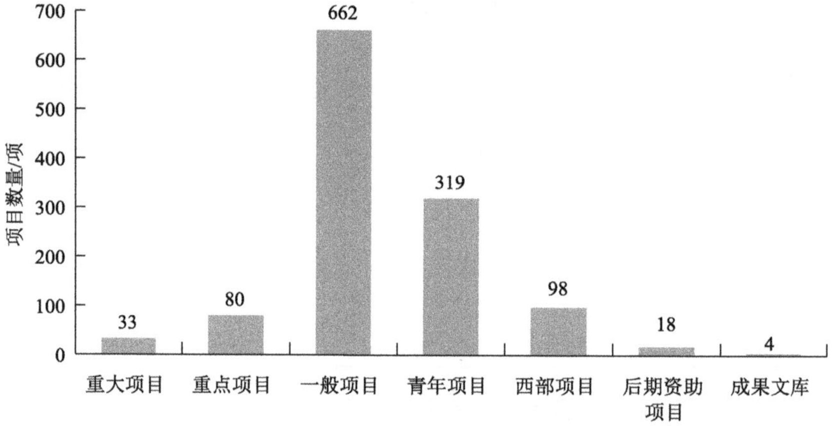

图7-2 1991—2016年国家社会科学基金课题立项类型分布

表7-1 1991—2016年国家社会科学基金课题立项类型分布 单位：项

类型	成果文库	后期资助项目	青年项目	西部项目	一般项目	重大项目	重点项目
1991	0	0	4	0	2	0	0
1992	0	0	0	0	2	0	2
1993	0	0	1	0	0	0	0
1994	0	0	1	0	3	0	0
1995	0	0	0	0	0	0	0
1996	0	0	1	0	2	0	1
1997	0	0	3	0	7	0	0
1998	0	0	0	0	9	0	0
1999	0	0	2	0	8	0	0
小计	0	0	12	0	33	0	3
2000	0	0	2	0	4	0	0
2001	0	0	1	0	14	0	0

续表

类型	成果文库	后期资助项目	青年项目	西部项目	一般项目	重大项目	重点项目
2002	0	0	2	0	12	0	0
2003	0	0	2	0	20	0	2
2004	0	0	8	5	21	1	1
2005	0	0	4	2	15	1	2
2006	0	0	10	7	29	1	2
2007	0	0	13	7	24	0	2
2008	0	0	8	6	21	1	2
2009	0	1	18	10	26	0	5
小计	0	1	68	37	186	4	16
2010	1	4	18	5	46	1	2
2011	1	4	31	7	51	11	9
2012	2	2	40	8	62	4	7
2013	0	1	48	11	62	4	14
2014	0	4	36	9	84	1	8
2015	0	0	33	17	69	7	14
2016	0	2	33	4	69	1	7
小计	4	17	239	61	443	29	61

由表 7-1 可知，从 1991—1999 年、2000—2009 年、2010—2016 年这三个阶段看，重大项目的立项数量分别是 0、4 项、29 项，重点项目的立项数量分别是 3 项、16 项、61 项。由此可见，2010—2016 年的重大项目、重点项目相比前面两个阶段，都有了大幅提高，说明评价主题的研究越来越受到政府和学界的重视。特别是 2011 年，评价主题的重大项目达到了 11 项，具体项目信息见表 7-2。

表 7-2　2011 年评价主题的国家社会科学基金重大课题

课题名称	课题负责人	所在单位
城乡环境基本公共服务非均等程度评估及均等化路径研究	卢洪友	武汉大学
大型工程的社会稳定风险评估研究	胡象明	北京航空航天大学
地方政府党风廉政建设责任制考核评价体系研究	李和中	武汉大学

续表

课题名称	课题负责人	所在单位
公众幸福指数导向下的我国政府绩效评价体系研究	郑方辉	华南理工大学
建立社会稳定风险评估机制研究	朱正威	西安交通大学
突发公共事件舆情应对与效果评估信息平台建设研究	官建文	人民网股份有限公司
我国公共体育服务统计体系与综合评价实证研究	权德庆	西安体育学院
我国司法体制改革评价指标体系研究	董皞	广州大学
我国西部林业生态建设政策评价与体系完善研究	宋维明	北京林业大学
我国质量安全评价与网络预警方法研究	程虹	武汉大学
中国低碳经济的多维评估体系及可视化平台	王宗军	华中科技大学

7.2.3　立项课题学科分布的变化分析

按照国家社科基金项目数据库对项目的学科分类，国家社会科学基金项目主要分为党史·党建、法学、管理学、国际问题研究、教育学、理论经济、应用经济、社会学、统计学等 30 多个学科领域。经统计，1991—2016 年国家社会科学基金课题的学科分布如图 7-3 所示。

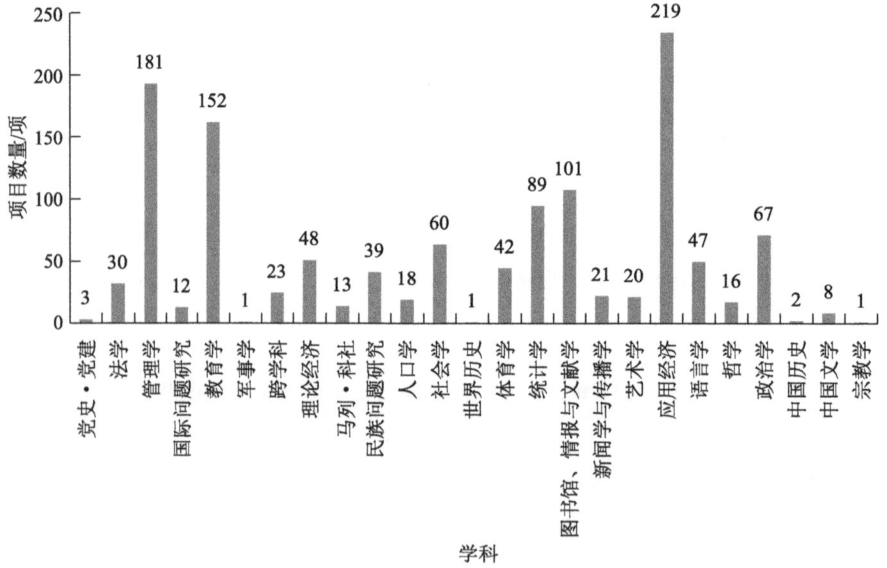

图 7-3　1991—2016 年国家社会科学基金课题的学科分布

由图 7-3 可以看出，评价类国家社会科学项目主要集中在应用经济，管理学，教育学，图书馆、情报与文献学，统计学，政治学，社会学等领域。如果进一步分别统计 1991—1999 年、2000—2009 年、2010—2016 年这三个阶段的课题数量，会发现主要的增长领域也分布在这些学科。例如，应用经济学科在这三个阶段的课题立项数量分别是 21 项、70 项、128 项，教育学学科的课题立项数量分别是 4 项、35 项、113 项，图书馆、情报与文献学学科的课题立项数量分别是 3 项、33 项、65 项。如果计算年均课题立项数量的话，那么增幅还会表现得更明显一些。

7.2.4 课题负责人的分析

分析立项课题的负责人情况，可以从侧面了解我国评价事业研究领域的知名专家和学者的情况。经统计，1214 项国家社会科学基金课题中共出现 1162 个负责人姓名，其中主持了 1 项课题的有 1115 人，主持了 2 项课题的有 44 人，主持了 3 项课题的有 1 人，主持了 4 项课题的有 2 人。鉴于国家社会科学基金课题立项较难，我们可以认为这些课题负责人都是评价事业研究领域中具备较强科研能力的专家学者，尤其是立项课题数量在 2 项及以上的。经统计，立项数量在 3 项及以上的负责人有 3 位。第一位是上海大学的陈新汉教授，他共主持了 4 项课题，分别是“民众评价论研究”（2001 年）、“自我评价活动机制研究”（2006 年）、“自我评价论”（2010 年）和“评价论视域中的社会自我批判研究”（2014 年），学科领域都是哲学。第二位是浙江财经大学的苏为华教授，他也主持了 4 项课题，分别是“综合评价方法的扩展与集成问题研究”（2003 年）、“基于主客观双重系统的社会经济发展和谐度评价体系研究”（2006 年）、“基于区间信息的多指标综合评价问题研究”（2009 年）和“基于子群的群组评价共识度与评价机制问题研究”（2012 年），学科领域都是统计学。第三位是南京人口管理干部学院的凌亢教授，他主持了 3 项课题，分别是“中国大城市可持续发展评价与监测体系研究”（1999 年）、“区域可持续发展评价与预警体系研究”（2001 年）和“中国流动人口对经济发展贡献率的统计评价及其国际比较”（2009年），其中第一项课题属于应用经济学科，后两项属于统计学学科。

7.2.5 主题变化轨迹分析

课题数据中没有像关键词这样可以进行便捷分析的要素，而要对每项课题的研究主题进行人工标示，不仅工作量很大，而且准确度也不高，因此笔者继续采用“打桩法”的思路，重点选取1991年、1999年、2009年、2016年这四年的数据进行主题分析，采用的主要方法仍然是先人工从课题名称中抽取出能反映其研究主题的关键词1—2个，然后进行计量分析。1991年、1999年、2009年、2016年的研究主题知识图谱分别见图7-4—图7-7（关键词频次≥1，共现频次≥1）。

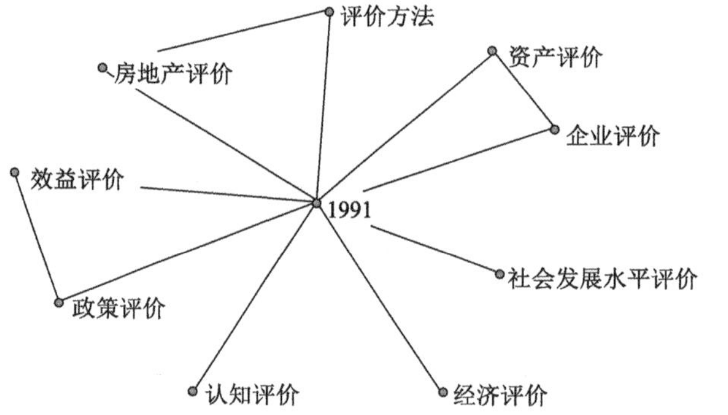

图7-4 1991年评价类国家社会科学项目的研究主题知识图谱

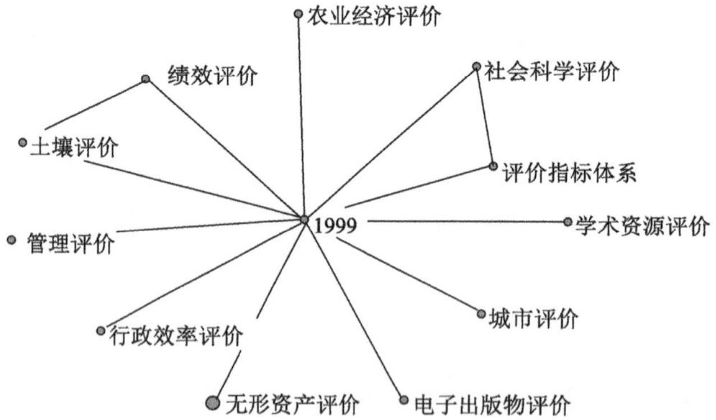

图7-5 1999年评价类国家社会科学项目的研究主题知识图谱

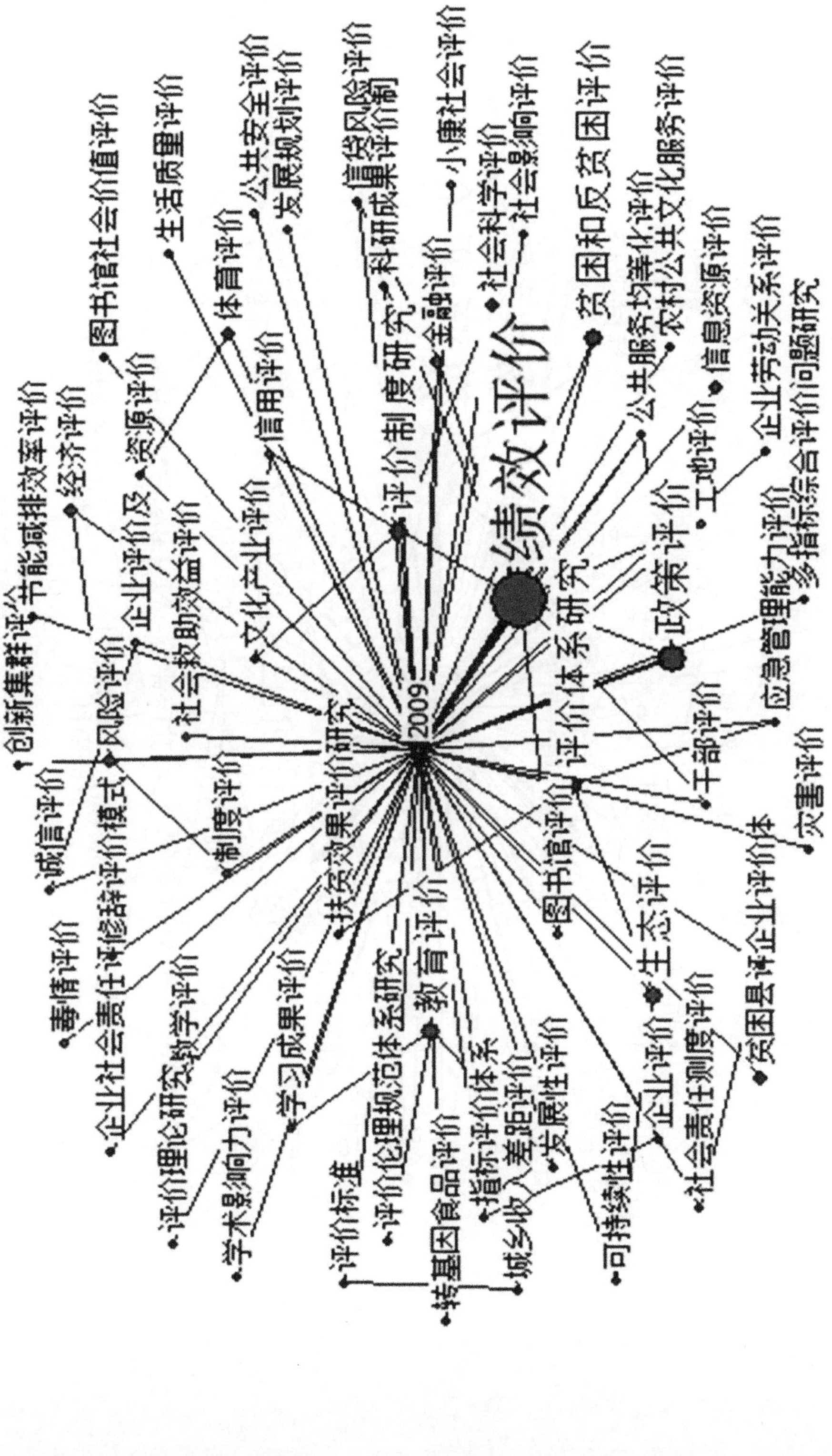

图7-6 2009年评价类国家社会科学项目的研究主题知识图谱

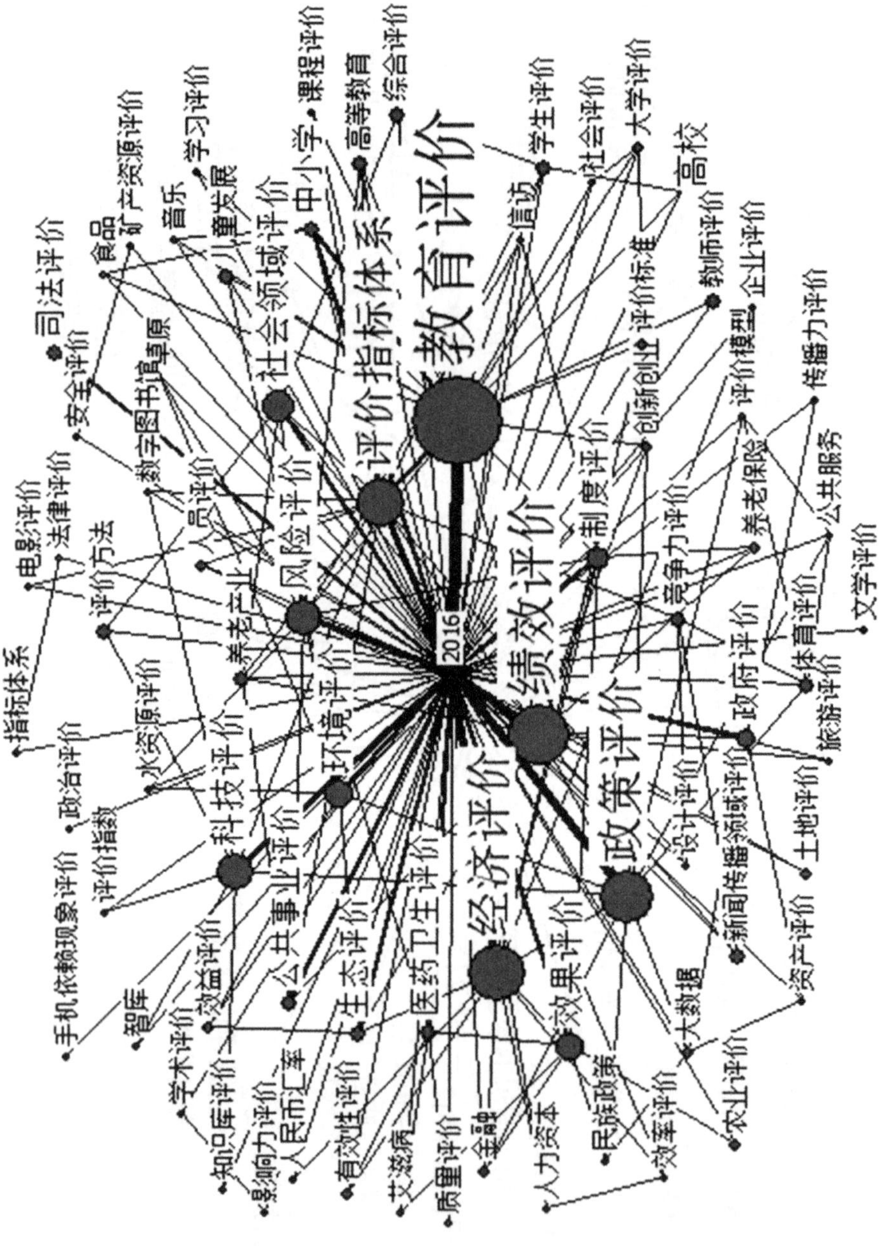

图7-7 2016年评价类国家社会科学项目的研究主题知识图谱

观察图 7-4—图 7-7 可知，1991—2016 年的 20 多年中，评价类国家社会科学基金课题的研究主题呈不断增加的态势。其中 2016 年立项课题的研究主题主要分布在教育评价、绩效评价、经济评价、政策评价、风险评价、科技评价等方面。同时，由图 7-7 可知，随着社会和时代的发展，新的评价对象层出不穷，就 2016 年来说，"大数据""手机依赖现象评价""评价指数""民族政策"等研究主题都是前几年不曾出现过的，这也再次说明了评价研究的主题总是随着社会和时代的发展而发展的。

7.3 基于国家自然科学基金课题数据的计量分析

7.3.1 历年立项数量的变化轨迹

1999—2016 年，评价类国家自然科学基金课题数量的年度分布情况见图 7-8。

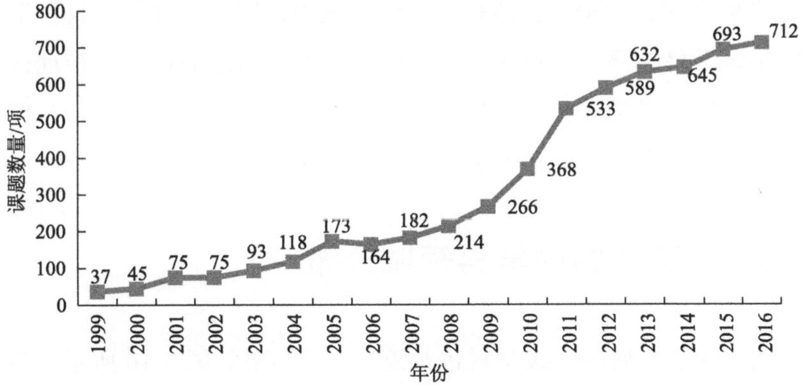

图 7-8 评价类国家自然科学基金课题数量的年度分布（1999—2016 年）

由图 7-8 可知，1999—2016 年，评价类国家自然科学基金课题数量整体呈上升趋势，2003 年以前每年的数量在 100 项以内，2004 年开始突破 100 项，2008 年开始突破 200 项，2011 年开始突破 500 项，2016 年更是达到了 712 项的高峰，这说明评价类国家自然科学基金课题正处于蓬勃发展的阶段。

7.3.2 立项课题的申请部门分布

经统计，按照申请部门的不同，评价类国家自然科学基金课题的部门分布见图 7-9。

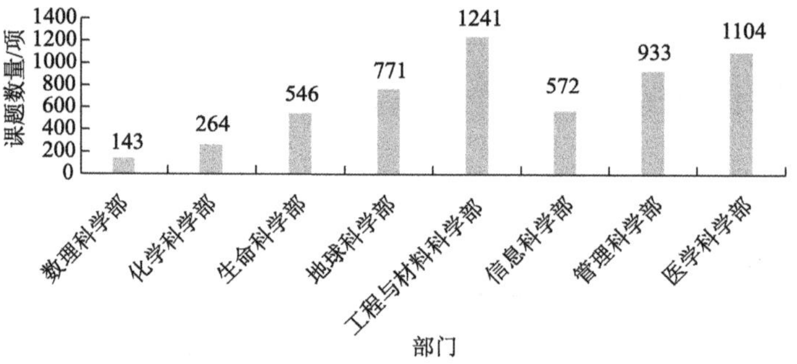

图 7-9 评价类国家自然科学基金课题的部门分布

个别课题缺乏申请部门信息，未统计

由图 7-9 可知，评价类自然科学基金课题中，属于工程与材料科学部的最多，其次是医学科学部，排在第三、第四、第五、第六的依次是管理科学部、地球科学部、信息科学部和生命科学部。相对而言，化学科学部和数理科学部的较少，但也分别有 264 项和 143 项。

7.3.3 立项课题的学科领域分布

如果按照课题所属的一级学科进行统计，其结果如图 7-10 所示。图中点的大小和标签字号的大小代表课题数量的多少，点和字号越大，说明该类课题的数量越多，反之则越少。

由图 7-10 可以看出，从一级学科代码的分布看，评价类自然科学基金课题

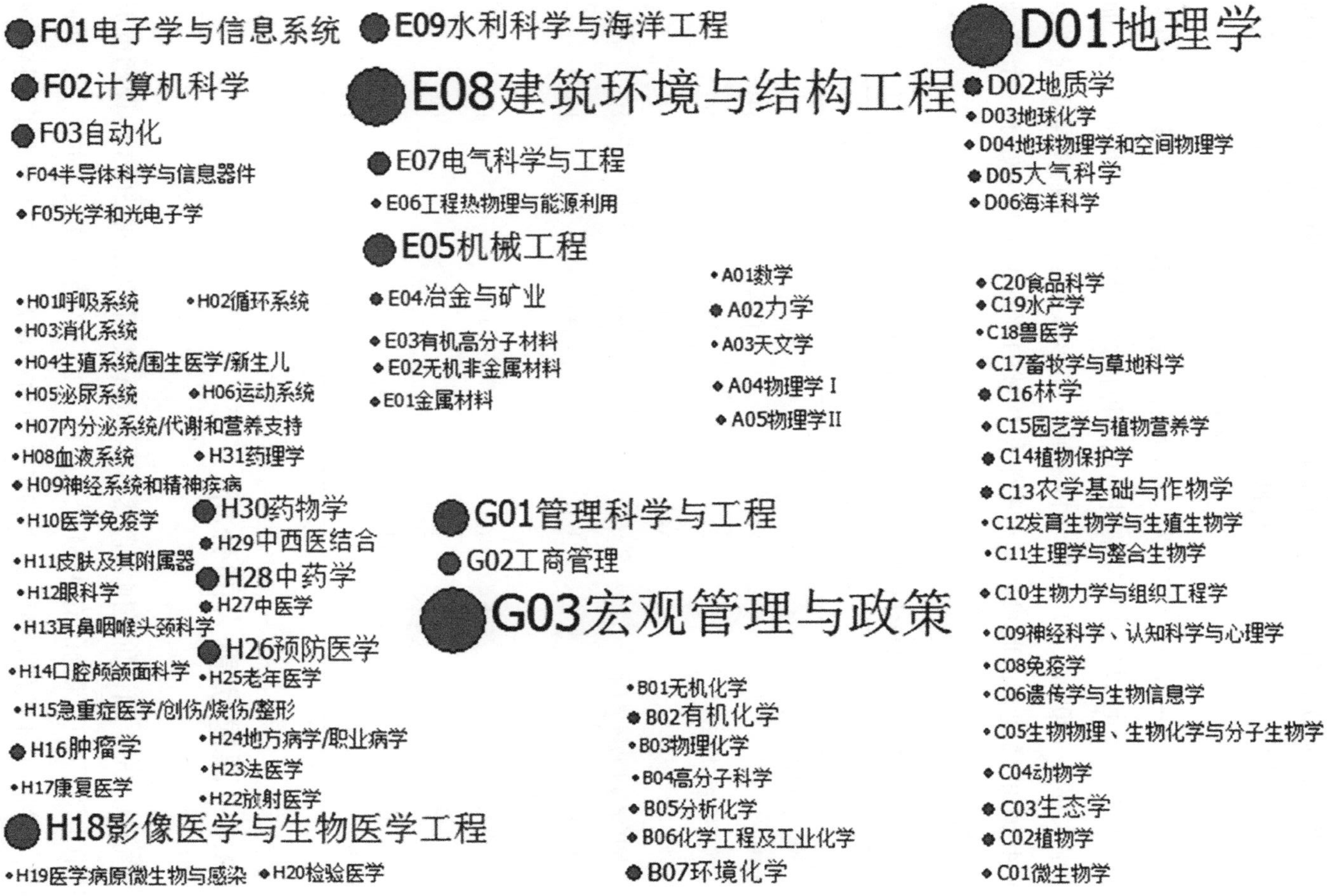

图7-10 评价类国家自然科学基金课题的学科领域分布

主要集中在宏观管理与政策、地理学、建筑环境与结构工程、管理科学与工程、影像医学与生物医学工程、机械工程、水利科学与海洋工程、电子学与信息系统、计算机科学、中药学、药物学等学科领域。

进一步将1999—2016年均分为三个阶段，分别统计各阶段各学科领域的课题数量（表7-3），可以发现，各学科领域的评价类课题数量均呈增长态势，而且增长率大都在100%以上，有的学科领域，如影像医学与生物医学工程甚至超过了400%的增速，由此可知，这些学科领域的评价类课题正处于一个蓬勃发展的阶段。

表7-3　评价类国家自然科学基金课题数量的时间分布及变化趋势　单位：项

学科领域	1999—2004年	2005—2010年	2011—2016年
宏观管理与政策	42	125	368
地理学	37	122	343
建筑环境与结构工程	28	100	362
管理科学与工程	38	78	147
影像医学与生物医学工程	5	39	216
机械工程	19	46	166
水利科学与海洋工程	5	61	141
电子学与信息系统	10	41	151
计算机科学	12	43	138
中药学	12	34	110
药物学	5	33	112

7.3.4　课题负责人的分析

经统计，5614项评价类国家自然科学基金课题中共出现5023位课题负责人，其中主持了1项课题的有4561人，主持了2项的有384人，主持了3项的有69人，主持了4项的有5人，主持了5项的有4人。表7-4列出了主持了4项及以上的9位课题负责人的基本情况。由表7-4可知，主持评价类国家自然科学基金课题较多的学者全部来自“985 工程”高校、“211 工程”高校和中国科学院系统。

表 7-4　主持评价类国家自然科学基金课题较多的负责人

负责人	所在单位	学科领域	项目数/项
别朝红	西安交通大学	电气科学与工程	5
陈永良	吉林大学	地质学	5
刘宝瑞	南京大学	肿瘤学	5
他得安	复旦大学	声学	5
洪开荣	中南大学	管理科学与工程	4
姜　彤	中国科学院南京地理与湖泊研究所	地理学	4
金菊良	合肥工业大学	水利科学与海洋工程	4
翁文剑	浙江大学	无机非金属材料	4
周振功	哈尔滨工业大学	力学	4

7.4　本章结论

综上所述，通过对评价类国家社会科学基金和国家自然科学基金两类课题相关数据的统计分析，可以得出以下一些基本发现和结论。

1）无论是国家社会科学基金还是国家自然科学基金，评价类课题的立项数量整体都呈上升趋势。特别是在最近的 10 多年中，增长都极为迅速，这说明评价事业正越来越受到政府和学界的关注。

2）从学科领域的分布来看，评价类国家社会科学基金课题主要分布在应用经济，管理学，教育学，图书馆、情报与文献学，统计学，政治学，社会学等学科领域，而评价类国家自然科学基金课题则主要分布在宏观管理与政策、地理学、建筑环境与结构工程、管理科学与工程、影像医学与生物医学工程、机械工程、水利科学与海洋工程、电子学与信息系统、计算机科学、中药学、药物学等学科领域。

3）从课题负责人的统计情况来看，虽然已经出现了一些长期研究评价类问题的专家学者，但总的看，数量仍极为有限，而且研究主题基本上也都属于“一阶评价研究”，即关注某一具体学科领域的评价问题，而不是关注“二阶评价研究”。

4）2016 年的评价类国家社会科学基金课题的研究主题主要集中在教育评价、绩效评价、政策评价、经济评价、评价指标体系、环境评价、风险评价、科技评价、效果评价等方面。

5）从评价类国家社会科学基金课题研究主题知识图谱的演变态势可见，评价类课题的研究主题呈现不断扩展的态势，在一定程度上反映了评价研究主题总是随着社会和时代的发展而发展的客观规律。

第八章

评价政策文件颁布情况的发展分析

国家的方针政策是我国各项事业改革与发展的主要推动力量。对于评价事业来说，国家的方针政策也直接影响甚至决定着其发展方向、范围、规模和成效。显然，如果我们能够收集我国颁布的有关评价的政策文件，并对其进行系统分析，将有利于我们从宏观上掌握我国评价事业发展过程中的一些基本特点，以及把握我国评价事业改革和发展的基本脉络。因此，本章拟对我国评价领域的国家政策文件进行计量分析，以期进一步深化对我国评价事业发展现状、发展趋势和发展规律等方面的认识。

8.1　数据来源和研究方法

政策分析作为一门新兴学科，一般认为产生于20世纪50年代。美国的政治家哈罗德·拉斯韦尔（Haroad Lasswell）首先提出了“政策科学”的概念，并认为政策是需要研究而且也是可以研究的。[①]因为政策是一个国家政治、社会、经济等各种因素在某一领域综合作用的结果，它能够敏锐地感应社会的动态发展变化和多样性，反映国家和社会结构以及组织形态在该领域的变迁。[②]

整体上说，政策研究在我国还是一个比较新的研究领域，尤其是对评价领域来说，目前更是很难查到相关的研究文献，这无疑增加了本研究的困难。目前我们还缺乏对我国评价领域政策文件的整体性认知。基于此，本章的研究重点定位于使用定量的方法对我国评价领域的国家政策文件进行宏观的计量分析，以促进我们对我国评价政策文件颁布情况的基本认识。

政策作为一种政治系统的产出，不仅表现为部门规章，同时也常以法律、法令、条例、法庭裁决、行政决议以及其他一些形式出现。政策文件通常是指以文件形式由国家颁布的相关法律、法规和规章。本章所称的评价政策文件就是指国家层面的全国人民代表大会（简称全国人大）、中国共产党中央委员会（简称中共中央）、国务院、相关部委颁布的，以正式书面文本为表现形式的各种评价法规性文件。

为了保证所获得数据的完整性和准确性，本研究选择北大法律信息网（http://vip.chinalawinfo.com/）作为评价政策文件的来源渠道。北大法律信息网

① 王迎，魏顺平. 近十五年我国职业教育政策文本计量分析研究[J]. 中国职业技术教育，2012，（12）：42-48.

② 涂端午. 中国高等教育政策制定的宏观图景——基于1979—1998年高等教育政策文本的定量分析[J]. 北京大学教育评论，2007，（4）：53-65，185.

于1985年创立，现已成为国内相对比较成熟、专业、先进的法律法规检索系统。北大法律信息网的主要产品是“北大法宝”，该数据库收录了1949年至今的20余万篇法律文件，包括中央法规司法解释、地方性法规规章、合同与文书范本、法律动态等，并细分为20个子数据库。法规内容来自全国人大、国务院法制办公室以及最高人民法院等有关机关提供的或《中华人民共和国立法法》及有关规定认可的法规文本，并且实时更新，因此，能够保证研究人员全面、准确地检索到相关政策文件。①

获取评价政策文件的具体途径是在北大法律信息网的标题检索处输入“评价”和“评估”，时间范围不限，共获得2877条记录（检索时间是2017年9月3日），数据项内容包括文件标题、颁布单位、颁布日期等。

8.2 评价政策文件颁布情况的计量分析

8.2.1 评价政策文件数量的计量分析

经统计，评价政策文件的颁布时间起始于1983年，是农牧渔业部批转经营管理总站《关于开发农村合作经济经营单位技术经济效益评价的试点工作试行方案》。最近的政策文件是2017年7月发布的《财政部关于做好资产评估机构备案管理工作的通知》。1983—2016年我国颁布的评价政策文件数量的年度分布情况见图8-1。

由图8-1可见，1983—2016年，我国评价政策文件数量整体呈增加态势。如果按照1983—1999年、2000—2009年、2010—2016年的阶段进行划分，那么这三个阶段的文件数量分别是379项、1243项、1226项，年平均数量分别为22.3项、124.3项、175.1项。由此可见，评价政策文件数量在20世纪90年代

① 法律法规数据库[EB/OL]. http://www.pkulaw.cn/help/index. html?item=CLDWFLSW[2017-08-28].

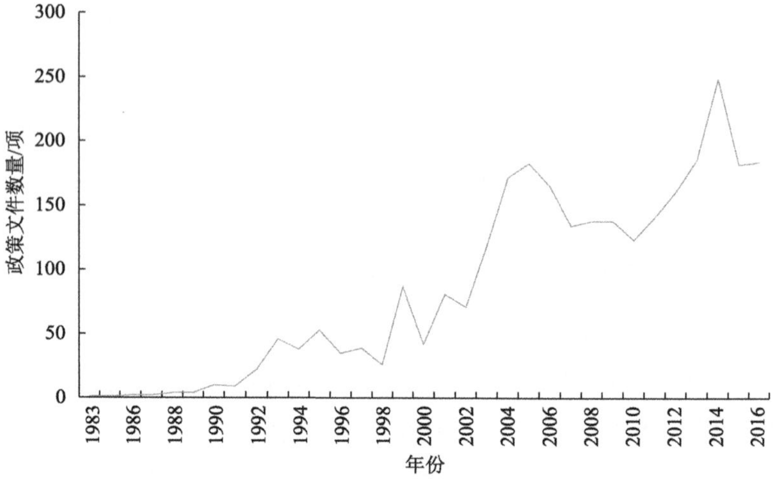

图 8-1　1983—2016 年我国评价政策文件数量的年度分布

1984 年的政策文件数量为 0，因此未显示

后的增长趋势极为明显，这也说明评价事业在国家和社会发展中的地位和作用在不断提升。

8.2.2　评价政策文件的颁布部门构成

如果将各个部门所颁布的评价政策文件按照其法定效力分类，则可分为三类：第一类是由全国人大及其常务委员会颁布的具有最高效力的法律，第二类是由中共中央和国务院颁布的仅次于法律效力的法规性文件，第三类是由部委颁布的规章性文件。经统计，这三类文件的数量分别是 5 项、15 项、2857 项，分别占总数的 0.17%、0.52%、99.30%。

第一类政策文件主要包括《全国人民代表大会常务委员会法制工作委员会关于〈中华人民共和国中小企业促进法〉有关制度立法后评估工作情况的报告》、《全国人民代表大会内务司法委员会关于〈中华人民共和国残疾人保障法〉立法后评估的报告》、《中华人民共和国环境影响评价法》（2002 年修订）、《中华人民共和国环境影响评价法》（2016 年修订）和《中华人民共和国资产评估法》。由此可见，在我国，环境影响评价与资产评估这两个领域的评价政策已经发展到国家最高效力法律层面。

第二类政策文件的具体内容见表 8-1。

表 8-1　国务院颁布的法规性文件

政策文件名称	颁布时间
《国有资产评估管理办法》	1991-11-16
《国务院批转国家计委、国务院生产办、国家统计局关于改进工业生产评价考核指标报告的通知》	1992-02-17
《地震安全性评价管理条例》	2001-11-15
《国务院办公厅转发财政部关于改革国有资产评估行政管理方式加强资产评估监督管理工作意见的通知》	2001-12-31
《国务院办公厅转发财政部关于加强和规范评估行业管理意见的通知》	2003-12-19
《国务院办公厅转发教育部关于建立对县级人民政府教育工作进行督导评估制度意见的通知》	2004-01-17
《国务院办公厅关于进行 2004 年各类突发公共事件评估分析的通知》	2005-01-15
《国务院办公厅关于做好 2005 年各类突发公共事件评估分析的通知》	2005-12-25
《国务院办公厅关于做好 2006 年突发公共事件应对工作评估分析的通知》	2007-01-09
《规划环境影响评价条例》	2009-08-17
《国务院关于取消 76 项评比达标表彰评估项目的决定》	2013-09-05
《国务院办公厅关于委托对国务院重大政策措施落实情况开展第三方评估的函》	2015-07-08
《国务院办公厅关于开展仿制药质量和疗效一致性评价的意见》	2016-03-05
《国务院办公厅关于印发对省级人民政府履行教育职责的评价办法的通知》	2017-05-31
《对省级人民政府履行教育职责的评价办法》	2017-05-31

表 8-2 显示的是 1983—2016 年我国评价政策文件制定中的权威部门及其制定的政策文件数量（大于等于 10 项）。

表 8-2　评价政策文件制定中的权威部门及其制定的政策文件数量　单位：项

权威部门名称	文件数量	权威部门名称	文件数量
环境保护部	302	卫生部	168
财政部	285	教育部	157
国家环境保护总局	194	农业部	132

续表

权威部门名称	文件数量	权威部门名称	文件数量
国土资源部	115	国家煤矿安全监察局	24
国家国有资产管理局	106	人力资源和社会保障部	22
住房和城乡建设部	83	住房城乡建设部	21
国家发展和改革委员会	81	国家安全监管总局	21
交通运输部	79	劳动和社会保障部	20
工业和信息化部	64	国家林业局	20
建设部	63	中国保险监督管理委员会	20
科学技术部	58	国家经济贸易委员会	19
国家税务总局	55	国家发展计划委员会	19
国家安全生产监督管理总局	52	文化部	19
国家安全生产监督管理局	44	国家药品监督管理局	19
商务部	43	中国银行业监督管理委员会	16
国家中医药管理局	42	国家食品药品监督管理总局	16
民政部	41	中国地震局	15
人事部	41	人力资源社会保障部	14
交通部	39	国家能源局	14
水利部	39	国家教育委员会	14
国家质量监督检验检疫总局	38	国家工商行政管理总局	13
国务院国有资产监督管理委员会	37	国家卫生计生委	13
国家食品药品监督管理局	36	国家文物局	12
国家发展改革委	34	国家卫生和计划生育委员会	11
科技部	34	国务院办公厅	11
中国证券监督管理委员会	28	对外贸易经济合作部	10
国家海洋局	25	铁道部	10

注：表中权威部门名称及相应的数据是笔者总结了大量文献的结果，同一部门因机构调整在不同历史时期有不同的名称，如现在的人力资源和社会保障部便经历了多次调整，1982 年成立劳动人事部，1988 年人事部和劳动部分离，1998 年的机构改革，在劳动部基础上组建了劳动和社会保障部，直到 2008 年，人力资源和社会保障部才正式挂牌，因此出现不同文献作者对同一机构的表述有所差别，如表中出现了“人事部”“人力资源和社会保障部”“人力资源社会保障部”、“科技部”“科学技术部”、“国家发展改革委”“国家发展和改革委员会”、“国家卫生计生委”“国家卫生和计划生育委员会”、“国家食品药品监督管理局”“国家食品药品监督管理总局”等的表述。因为文献计量学者的任务是进行实事求是和尊重历史的计量分析，因此，保留了文献作者的表述

由表 8-2 可知，在国家权威部门中，颁布评价政策文件数量较多的主要是环境保护部（国家环境保护总局）、财政部、卫生部、教育部、农业部、国土资源部、国家国有资产管理局等，总的特征是这些部门所承担的管理职责和人民群众的生活质量密切相关，也就是说，越是和人民生活质量密切相关的权威部门，颁布的评价政策文件也越多。这一结论和第四章中得出的结论颇为一致。

8.2.3 评价政策文件的领域分布

政策是政府的一种垄断性资源，反映了政府的调控方向和调控力度，因此政策的颁布必定是随着国家和社会的变化而变化，随着国家和社会的发展而发展的。为了反映各阶段我国政策文件主题的变化，笔者通过人工手段从政策文件名称中抽取出领域主题词，并将其与颁布时间相关联，绘制了三个不同时间阶段评价政策文件的主题知识图谱，见图 8-2（主题词频次≥5，共现频次≥5）。

由图 8-2 可知，我国颁布的评价政策文件主要集中在环境影响评价、资产评估、安全评价、绩效评价、教育评估、职业病危害预评价、食品药品安全评价、绿色建筑评价、纳税评估等领域。当然，在不同的发展阶段，学者关注的领域还是有所不同的，如在 1999 年以前，学者关注的主要是资产评估和教育评估两个领域；2000 年开始，环境影响评价迅速崛起，占据第一位置，绩效评价、安全评价的受关注度也上升很快。就最近几年来说，农业领域的评价政策文件的上升速度也较快。

8.3 本 章 结 论

综合上述几方面的计量分析，可以得出以下一些基本发现和结论。

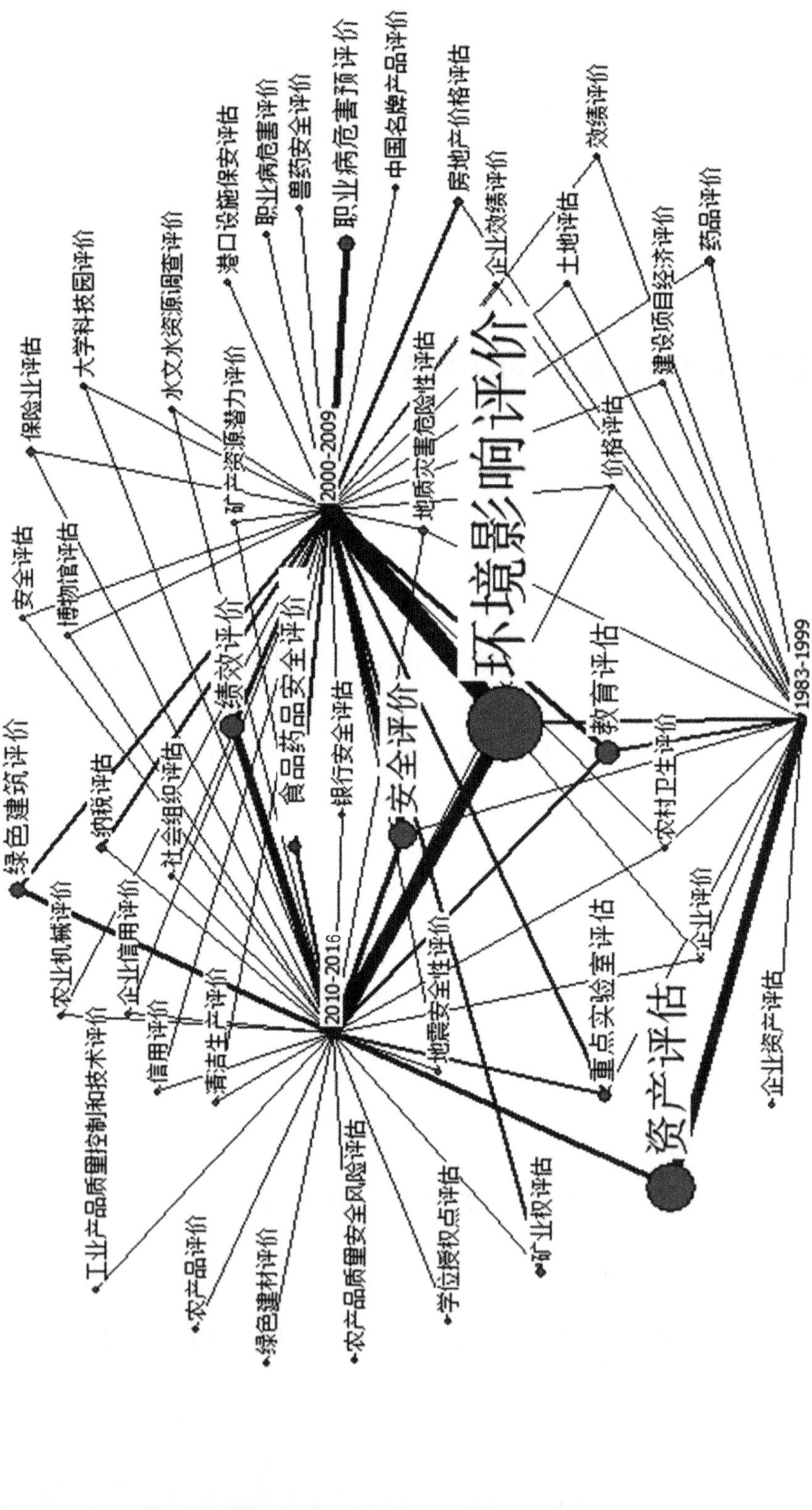

图8-2 三个不同时间阶段评价政策文件主题知识图谱

1）评价政策文件在效力结构上，可分为法律、法规和规章这三个等级。目前这三类文件的数量分别为5项、15项、2857项，分别占总数的0.17%、0.52%、99.30%。其中进入第一等级的政策文件有《中华人民共和国环境影响评价法》和《中华人民共和国资产评估法》等。由此可见，在我国，环境影响评价与资产评估这两个领域的评价政策已经发展到国家最高效力法律层面。

2）从评价政策文件的颁布时间来看，评价政策文件数量呈现出随时间推移而增加的趋势，这在一定程度上说明评价事业在国家和社会发展中的地位和作用在不断提升。

3）在颁布评价政策文件数量较多的政府部门中，主要有环境保护部（国家环境保护总局）、财政部、卫生部、教育部、农业部、国土资源部、国家国有资产管理局等，总的特征是越是和人民生活质量密切相关的权威部门，其颁布的评价政策文件也越多。

4）从评价政策文件的领域分布来看，比较多地集中在环境影响评价、资产评估、安全评价、绩效评价、教育评估、职业病危害预评价、食品药品安全评价、绿色建筑评价、纳税评估等领域。

第九章

推动我国评价事业进一步发展的策略

通过前几章对我国评价事业中各类研究成果、研究队伍、研究主题、评价分支学科、评价课题立项数据及评价政策法规数据的多层次多视角分析，我们对我国评价事业的发展现状、发展趋势、发展特征、发展规律等都有了基本认识，本章旨在从科学计量学视角归纳我国评价事业发展中已经取得的成绩和还存在的一些问题，并在此基础上提出进一步推动我国评价事业发展的策略。

9.1 我国评价事业发展已经取得的成绩

通过对我国评价事业发展现状、发展趋势、发展特征、发展规律的计量分析，可以发现，经过多年来的发展，我国的评价事业已经取得了显著的成绩，主要表现在以下几方面。

9.1.1 评价研究成果数量已经呈现出繁荣景象

通过对中国知网期刊论文数据库、中国知网学位论文数据库、国家图书馆图书目录数据库相关文献的统计分析，本书发现，无论是学术期刊论文、硕博士学位论文，还是学术图书，在数量增长与时间的函数关系方面，均符合普赖斯指数增长规律。从具体数据看，2015 年来的中国知网期刊论文数量已经达到年均 50 000 篇以上的规模，硕博士学位论文达到年均 10 000 篇以上的规模，学术图书达到年均 1200 种以上的规模。由此可见，我国评价领域的研究成果数量已经呈现出繁荣景象。

9.1.2 评价研究主题不断丰富

从评价研究主题看，本书发现，我国评价研究主题的发展呈现出随时间的推移范围不断扩大和深入发展的趋势，具体表现为：随着时间的推移，新的评价对象不断增加，评价对象的范围越来越广、种类越来越多样化、规模越来越大，评价活动的复杂度和知识集成度也越来越高。近年来的研究主题主要集中在环境影响评价、教育评价、绩效评价、资源评价、项目评价、质量评价、水资源评价、生态评价、竞争力评价、安全评价、风险评价、医药卫生评价、城市评价、耕地地力评价等方面。总体特征表现为：越是和人民生活质量以及人民生活满意度密切相关的领域，其研究成果一般也越丰富。

9.1.3 评价研究方法的种类不断增加

评价虽是人类的基本活动之一，但要做好评价并不容易，越是面对复杂的评价对象就越不容易，这就需要不断丰富和完善评价研究方法。本书通过对期刊论文关键词的统计发现，近年来我国评价领域的研究方法种类已经越来越丰富，定量化评价方法的使用也呈现出明显增长态势。其中增长特别显著的方法主要有 Meta 分析、熵权法、模糊综合评价法、随机对照试验、集对分析、模糊层次分析法、主成分分析、数值模拟、聚类分析等。

9.1.4 评价研究队伍已经初具规模

研究队伍是推动和保证我国评价事业持续发展的主要力量，通过对中国知网评价类核心期刊论文的作者和机构进行计量分析，本书发现，我国评价研究队伍已经初具规模，具体表现为：研究人员的基数庞大，近年来仅仅在核心期刊发表过论文的第一作者人数就已达到 12 000 人的规模，而且涌现出了一些长期关注评价事业的知名学者，同时，专业化的评价机构也在不断发展之中，新机构的增加速度呈现加速的趋势。

9.1.5 国家对评价事业各方面的支持力度越来越大

评价事业的发展离不开国家宏观层面的各种政策支持。从本书收集的相关数据看，国家对评价事业发展的重视程度在不断增加，具体表现为：国家社会科学基金和国家自然科学基金对评价类研究课题的立项资助力度明显加大，2015 年来的立项总量已经达到每年 800 多项；“资产评估”等评价分支学科已经进入国家高等教育招生专业目录，评价类自设专业在研究生教育中不断增加；

环境影响评价和资产评估等领域的政策已发展到国家法律层面；国家对第三方评估也越来越重视，第三方评估越来越成为我国政府部门绩效评估的一种重要形式，这无疑将给我国评价事业的发展带来更大的发展机遇。

9.2 我国评价事业发展中还存在的一些问题

在看到成绩的同时，我们也要正视发展过程中还存在的一些问题和不足。因为目前我国的评价事业整体上还仍处于比较粗放的发展阶段。

9.2.1 评价事业的基本理论研究还很不足

从本书第一章的国内外研究现状与述评、第五章的评价研究主题知识图谱和第六章的评价分支学科的发展分析中，我们可以发现，我国每年发表的评价研究成果的总量已经不小，但令人遗憾的是，这些研究成果绝大多数是各个学科领域的具体研究，其中比较多的是自然科学领域的评价研究，尤其是环境影响类评价研究、医药卫生类评价研究、土壤地质类评价研究等，这些直接面向某个对象的评价研究一般都不具有普适性、基础性的特征。换句话说，虽然各种各样的评价实践都在广泛地进行，各学科领域的评价研究成果也不少，但是有关评价领域的共性问题的研究还非常缺少。这不仅表现在带有系统性、综合性的学术图书极为缺少，而且表现在属于元研究性质的论文也是寥寥无几，导致作为学科意义上的评价学或评价学科很难独立地凸显和成长起来，同时为各学科领域的评价实践活动提供理论指导的作用也得不到很好的发挥。同时，由于缺乏带有共同性、基础性的评价基本理论研究，各具体学科领域的评价者和评价研究者之间也缺少了横向交流的动力和基础，从而阻碍了评价事业学术共同体的进一步形成。

笔者认为，我国评价事业基本理论研究不足的原因，可能和以下几个方面的因素有关：首先，评价一般是和具体的评价主体、评价客体、评价标准等联系在一起的，即评价一般是指具体的评价，总是和具体的情境相关联的，因此要超越具体的评价对象进行“去学科领域”的研究，不仅需求小，而且研究难度很大，现实中，这类研究大都是从哲学等视角进行的相应研究。其次，评价研究属于典型的交叉科学领域，在现实的学术环境中，往往会碰到发表难、出版难、课题申请难、缺乏对口管理部门的经费支持等障碍。最后，学科领域中存在的垄断现象也阻碍了基本理论的研究，而评价作为一种带有指挥棒性质的活动，往往就包含了“话语权争夺”的成分，有权者一般不愿意将评价权让出，而这就阻碍了评价基本理论的发展。

9.2.2 评价研究队伍中专攻型作者的比例还比较低

人是决定事业成败的最关键因素，人才兴则事业兴，对于评价事业的发展来说亦是如此。但从本书第四章评价研究队伍的发展分析中，我们可以发现，在评价研究队伍中，业余型作者占了绝大多数，专攻型作者的比例还比较低。例如，在对 1992—2016 年的核心期刊论文作者的统计中，笔者发现在 191 050 篇论文的第一作者中，共出现了 112 115 个不同作者的姓名，每位作者平均署名的论文数为 1.7 篇。在这些论文作者中，以第一作者身份发表了 1 篇核心期刊论文的作者有 80 992 人，占了作者总数的 72.24%；以第一作者身份发表了 2 篇核心期刊论文的作者有 17 220 人，占了作者总数的 15.36%；以第一作者身份发表了 3 篇核心期刊论文的作者有 6032 人，占了作者总数的 5.38%；三者合计，共占作者总数的 92.98%。1992—2016 年发表核心期刊论文总数在 16 篇及以上的只有 59 人。另外，专业化的评价机构也不多，如表 4-3 的统计数据表明，在 1992—2016 年，发表评价类研究论文在 20 篇及以上的专业化评价研究机构只有 10 家。显然，在评价对象的规模越来越大、评价对象的知识集成度越来越高、评价对象中的“人工物”和“人为事”的比例也越来越高的情况下，大力发展专业化评价机构，努力培养一支专攻型的研究队伍是大势所趋。

9.2.3 发展比较成熟的评价分支学科还不多

评价领域是一个典型的交叉学科领域，也是一个具有横断性性质的领域，因此评价分支学科的产生具有广泛的学科、行业和领域基础。在本书第六章中，笔者梳理了我国已经出现的一些评价分支学科名称，如环境评价学、药物评价学、教育评价学、项目评价学、绩效评价学、质量评价学、风险评价学、资产评估学、健康评估学等，但从发展程度看，这些学科中目前比较成熟的只有资产评估学、项目评估学、教育评价学、环境评价学等几个，主要表现为已经出版的学术图书种类较多、学术论文较多、作者数量较多等。资产评估专业目前已经进入国家普通高等学校本科招生专业目录和研究生教育专业学位招生目录，但其他学科还大都处于正在发展或有待发展的阶段。

9.2.4 评价科学研究中的碎片化倾向还比较严重

评价科学是一个集合体，由众多的分支学科和评价研究主题共同组成，但从本书第一章的国内外研究现状与述评、第五章的评价研究主题知识图谱中，我们可以发现，目前的评价研究成果绝大多数属于某个具体学科领域的成果，属于跨学科、跨领域的一般性成果极少；各具体学科领域之间的交流也不多，评价学的真正理论内核发展得尚不充分；各学科领域之间的联系，除了在思维方法和研究方法方面有一些相似或共同之处外，尚缺乏强有力共识性理论纽带的联系。

笔者认为，目前评价科学所处的状况和发展过程中尚存在的问题，颇类似于 60 多年前美国科学社会学家罗伯特·K.默顿对当时美国科学社会学所处状况的描述：科学社会学仍然是一个基本上还未实现独立的学科，还未成为一个高度发达的，由社会科学家、自然科学家和生物学家共同培植的专门知识领域。科学社会学目前只唤起了为数甚少的专家对其的专门关注，从事这方面研究的大多是物理学家和生物学家，而不是社会学家。由于对科学社会学感兴趣的人士主要从事其他专业领域的研究，通常不会投入大量的时间来专门从事这个学科领域的研究，而是利用手头的便捷资料来撰写一些充满经验性的文章，但这些充满经验性的文章一般并不直接涉及有助于积累知识的理论体系。这些因素导致的最终后果便是科学社会学长期处于一种缓慢发展的状态：一方面，它过于思辨；另一方面，它又遭受到经验主义的过度侵袭。在这个领域中，极缺乏的是这样一种富有成效的研究模式，即人们追寻事实以揭示思想，或者追寻思想以揭示事实。①在默顿的上述精辟评述中，笔者仿佛也看到了目前我国评价科学发展的整体景象。如果我们将美国的科学社会学替换成我国的评价科学的话，我们可以发现上述这些评述仍然是很恰当的。

9.3 进一步推进我国评价事业发展的策略

9.3.1 加强评价事业的元理论研究

笔者认为，加强评价事业的元理论研究，可以从以下四个层面展开。

第一个层面是可以围绕评价学和评价科学的研究对象、学科定位、学科性质、发展历史、学科结构、研究方法、发展趋势等中的一个或几个展开更为深入系统的研究。

第二个层面是可以围绕如何构建和形成一个具有一般指导意义的、适用于各学科领域的、较为全面系统的评价学学科体系做出努力，出版类似于管理科学中的《管理学》《管理学原理》《管理学概论》这样的著作。在这方面，邱均平等著的《评价学：理论·方法·实践》一书的出版，已经开了一个好头。

第三个层面是可以围绕构建评价科学的整体蓝图而着力。这方面元理论研究的主要工作可以放在梳理和总结评价科学的演进发展历程、发展态势和发展

① R. K. 默顿. 科学社会学（上册）[M]. 鲁旭东，译. 北京：商务印书馆，2003：286-300.

规律，构建评价科学的学科结构体系，提出进一步推动评价科学发展的对策等方面。

第四个层面是可以以评价事业为主要的研究对象，开展相关的元理论研究。事实上，本研究的开展，即笔者在这方面的一次初步尝试。

9.3.2　加快构建评价学、评价科学的学科知识体系

为了加快推进评价事业的整体发展，笔者认为现在已有必要从科学学、科学学科学和学科建设的高度，对评价科学的整体学科知识体系进行前瞻性的建构。这样做的意义，一是有利于通过“前拉后推”的学科发展战略，实现评价科学发展中的默顿效应，即由于信念和行为之间的反馈，预言直接或间接地促成了自己的实现[①]；二是有利于解决目前某些评价学科分支先行发展过程中遇到的难以回避的某些问题。例如，程晗早在 1987 年就提出，要明确教育评价学的基本范畴是非常困难的，“因为这实际上又涉及到了一门比教育评价学更基础更重要的大科学——‘评价科学’。钱学森教授曾经指出：‘人类不光有自然科学和社会科学这两大部门，与之并列的还有数学科学、系统科学、思维科学、人体科学、军事科学、文艺理论等八个部门。最近我发现，似乎还少了一个，还应加一门行为科学。至此，我把现代科学按门类划分为九个学科部门。’笔者认为，与这九门科学并列的还有一门，这就是评价科学。因为无论从现代社会发展的实际需要来看，还是与现有的九门科学相比来看，评价科学的出现和建立势在必行，它的研究对象和科学功能都是以往任何科学所不能取代的”[②]。本书第六章的分析显然已经为评价科学学科结构框架的构建提供了比较坚实的基础。

9.3.3　创办评价领域的学术期刊

学术期刊是推动学科发展的一个重要平台，学术研究的繁荣发展离不开学

① 王飞跃，王晓，王帅. 知识自动化：智能产业的基础与关键[J]. 张江科技评论，2017，(1)：35-38.
② 程晗. 教育评价学的若干理论问题[J]. 教育理论与实践，1987，(2)：35-39.

术期刊这一平台的支撑。从我国目前的学术期刊目录看，发表过评价类研究主题论文的期刊很多，刊名中本身就含有“评价”“评估”“评论”等词汇的期刊也有20多种，如《环境影响评价》《油气藏评价与开发》《中国药物评价》《中国医院用药评价与分析》《药品评价》《药物评价研究》《中国社会科学评价》《电影评介》《教育测量与评价》《中国高等教育评估》《上海教育评估研究》《高教发展与评估》《中国图书评论》《教育评论》《新湘评论》《当代作家评论》《文学评论》《21世纪商业评论》《国际经济评论》《地质论评》《文艺理论与批评》《小说评论》等。但显而易见的是，这些期刊都属于或者说主要面向各自学科领域的，属于或者说主要面向跨学科、跨领域的期刊一本也没有。由此我们也就不难发现，为什么我国的评价实践活动如此之多，属于各行业、各学科领域范围的评价研究也不少，但是有关评价活动的共性研究、基本理论研究却始终得不到重视，不同行业和不同学科领域之间的评价活动缺乏交流，评价学和评价科学作为一个独立的学科知识体系始终处于浅度发展而未达到深耕发展。为了改变这种散而不联、有点无面的局面，增进学科共识，加强评价事业领域的学术研究，创办一份类似于《评价科学》《中国评价科学》《评价科学研究》的这种期刊，并将其定位于刊登评价领域带有普遍性、基础性理论研究论文的理论性刊物，是十分必要和急迫的。

9.3.4 推动更多成熟的评价分支学科进入国家高等教育招生专业目录

要有效地推动一个学科的持续发展，源源不断地培养出专业化的教学和科研队伍是重要条件之一，而要达到这个目标，就需要这个学科能够进入国家高等教育招生专业目录中，以便开设课程，培养学生，持续地促进师生之间的学术交流。评价是人类的基本活动之一，评价事业在我国现代化建设事业中具有的重要作用和地位也早已被社会各界所认可，但由于各种因素的影响，除了“资产评估”已进入国家普通高等学校本科招生专业目录和研究生教育专业学位目录外，其他评价分支学科目前还未正式进入国家高等教育招生专业目录，显然这是远远不够的。因此，应该推动更多成熟的评价分支学科进入国家高等教育招生专业目录。

在这方面，目前可以做的工作主要有两方面：一是从学科建设角度加强评价事业的理论研究，提高教育评价学、土地评价学、环境质量评价、安全评价、项目决策分析与评价、体育测量评价等已开设课程的质量，并在更多的学科专业中开设评价类课程；二是在研究生招生目录自设专业中做出更多的努力，在更多的学科领域中设置评价类专业。事实上，近年来这方面的工作也已经取得了很好的进展，很多高校已经自主设置了相关专业，如大连理工大学设置的材料无损检测与评价，东北师范大学设置的教育统计、测量与评价，山东科技大学设置的矿山评价技术及工程，四川大学设置的临床药物与器械评价学，四川师范大学设置的土地利用管理与评价，天津中医药大学设置的临床评价，武汉科技大学设置的食品药品安全风险评价等。

9.3.5　鼓励和扶持专业化评价机构的发展

建立相应的组织、机构、团体，是推动事业发展的重要保障。在评价领域，虽然实际开展评价活动的各类机构总量不算少，但专门进行评价领域基础性研究并且同时开展评价实务的机构则不多，这显然已不能适应新形势发展的需要。当今社会是一个高度发达的社会，随着科学技术的发展和社会的全面进步，各种新生事物层出不穷，而且无论是其发展规模、知识集成度，还是人们在价值观方面的多元化，都已到了一个新的发展起点上，经验评价、简单评价已经不能适应新形势发展的需要，因此，鼓励和扶持专业化评价机构的发展是推动未来我国评价事业发展的努力方向之一。当然，近年来，我国在这方面也取得了一定进展，如仅就科教评价领域来说，武汉大学中国科学评价研究中心、南京大学中国社会科学研究评价中心、中国人民大学人文社会科学学术成果评价研究中心、科技部科技评估中心、教育部高等教育教学评估中心等评价机构都已为我国科教事业的发展做出了重要贡献。而2017年以来，评价事业更是有加速发展的趋势，如2017年4月，杭州电子科技大学成立了“中国科教评价研究院”

（又称“中国评价科学研究院”）；2017 年 5 月，清华大学成立了“未来教育与评价研究院”；2017 年 7 月，中国社会科学院成立了“中国社会科学评价研究院”等。笔者相信，更多的专业化评价机构的成立，必将更有力地推动相应学科领域评价事业的快速发展。

9.3.6 借鉴管理科学等相邻、相近、相似学科的发展经验

从战略思维上说，完善和发展一门学科的方法基本可以分为两种：一种是立足于学科自身去逐步地完善与发展；另一种则是通过借鉴其他相关学科成熟的理论和方法来完善自身。其中第二种方法常常可以收到事半功倍的效果。①但究竟从哪些学科去借鉴，还要具体分析这些学科和评价学科之间的内在关系。笔者认为，从这个思路上说，管理科学、决策科学、设计科学、领导科学、预测科学等或相邻或相近或相似的学科，能为评价学科或评价科学提供新的洞见和支持。就拿管理科学来说，一方面，评价本身就是管理过程中的一个环节，渗透在管理的过程中，因此评价科学和管理科学本身有交叉领域的存在；另一方面，两者在学科性质、学科属性方面也高度相似或相近，如两者的学科属性都可以用“弱科学性”或“既有科学性又有艺术性”等词语来概括。②因此，在推动评价科学的发展过程中，借鉴管理科学的发展经验不仅是可行的，而且是必要的。决策科学、设计科学、领导科学、预测科学等学科与评价科学之间的关系，也与上述分析结论类似，因此同样可以成为评价科学借鉴的来源所在。

9.3.7 进一步重视评价政策法规的供给

政策法规是一种垄断性的资源，也是一种独特性的资源，因为它直接体现了政府的调控方向和调控力度，往往能够直接影响甚至决定某项事业发展的方

① 汤建民，徐炎章. 从数学中去探寻创造学理论的可能性及方法[J]. 科学学研究，2005，（5）：582-585.

② 黄速建，黄群慧. 管理科学化与管理学的科学性[J]. 经济管理，2004，（18）：4-8.

向、范围、规模和成效。对于评价领域来说，如果国家能够及时地增加并完善相关政策法规，不仅能够直接影响甚至决定我国评价事业的发展速度和发展成效，而且由于评价工作具有“定标准、立规矩、树导向”等特殊性质和特殊效能，还能直接影响相关领域的发展。例如，2015 年 7 月发布的《国务院办公厅关于委托对国务院重大政策措施落实情况开展第三方评估的函》这一文件的影响和效果就不仅体现在对我国评价机构的培育和建设等方面，还体现在对国务院重大政策措施所涉及的各个部门和各个领域上。因此，进一步重视评价政策法规的供给无疑是推动我国评价事业发展的有效对策之一。

第十章 总结与展望

评价是人类的基本活动之一，也是人类的重要活动之一。无论是人类的日常起居、柴米油盐，还是现代社会的航空航天、海洋探测、量子通信、新药研发、品牌营销、舞台选秀、总统选举等，都离不开对人、对事、对物的判断、评价和选择。科学、合理的评价有利于提高人的积极性，树立正确的发展方向，促进各项事业的健康发展，而不科学、不合理的评价也会给各项事业的发展带来很大的负面影响，轻者，影响当事人的积极情绪；重者，则会损害到事业发展的方向、速度和成效，甚至关系到一个部门或单位的生死存亡。在这样的背景下，特别是随着评价在现代社会中占据着越来越重要的地位，加强我国评价事业的发展研究具有极为重要的理论价值和现实意义。

在比较系统地梳理和总结了大量评价研究相关资料的基础上，笔者选择了“我国评价事业的发展研究”作为本书的主题，并着重运用科学计量学方法，从评价研究成果的产出数量、评价研究队伍、评价研究主题、评价分支学科发展、评价课题立项、评价政策文件的颁布等多层面梳理和总结了我国评价事业的发展历史、发展现状、发展规律以及还存在的问题，预测了发展趋势，提出了进一步推动其发展的对策建议，不仅弥补了以往研究鲜从整体视角研究评价事业进展的不足，丰富了评价学科的理论研究，特别是从学科建设角度、科学学角度、元研究角度开展了评价领域的相关研究，而且为相关部门、机构和学者就如何更好更快地推进我国评价事业的发展提供了较多的决策参考依据和有益启示。

作为本书的最后一章，本章主要对已完成的工作加以回顾、反思和总结，指出还存在的不足之处，并对今后的工作进行展望。

10.1 主要研究结论

本书首先对国内外相关研究现状进行了综述，继而对评价、评价学、评价科学、评价事业等概念进行了界定，然后基于科学计量学方法，对评价类期刊论文、学位论文、学术图书、立项课题、政策文件等大规模样本数据进行了统计分析，从多种层面和视角揭示了我国评价事业的发展历史、发展现状、发展规律和发展趋势，并在此基础上提出了推动其进一步发展的对策建议。综合全书的研究，主要得出了以下几点结论。

1）从目前本书已检索到的期刊论文和学术图书来看，我国学术界最晚于20 世纪 30 年代就已开始使用“评价”一词，并开展了评价问题的相关研究。叶法无先生于 1928 年出版的《文化评价 ABC》一书、胡怀琛先生于 1930 年出版的《中国文学评价》一书以及金则人先生于 1936 年发表的《国际联盟再评价》一文，是我国在书名或篇名中较早使用“评价”一词的学术研究成果。

2）从我国评价研究成果的年度数量分布和变化轨迹来看，我国的评价研究历史大致可以分为三个阶段：第一阶段是改革开放以前（具体时间可以 1979 年为限）。该阶段每年发表的论文和出版的学术图书数量都极少，虽然该阶段还可以进一步细分为“1949 年以前”和“1949—1979 年”两个阶段，但从整体看，这两个阶段在论文和出版的学术图书数量上并没有表现出明显差异。第二阶段是 20 世纪 70 年代末 80 年代初到 20 世纪末（具体时间为 1980—1999 年）。在该阶段，我国的评价事业研究正式开始起步，并整体呈现出快速发展的趋势。第三阶段是 2000—2016 年。该阶段是我国评价事业研究发展最为迅猛的时期。如果对此阶段再细分，还可以将其进一步划分为“2000—2009 年”和“2010—2016 年”这两个阶段，其中前一阶段的主要特征是“迅速发展”，后一阶段的主要特征是“高位繁荣”。从上述三个阶段的评价类成果数量来看，可以将这三个阶段分别命名为我国评价事业研究的“早期发展阶段”、“初期发展阶段”和“迅猛发展阶段”。相应地，笔者认为，我国评价事业的发展历程也大致可按以上三个阶段划分。

3）无论是期刊论文、学位论文，还是学术图书，其数量增长和时间的关系均符合普赖斯指数增长规律。其中，1936—2016 年期刊论文数量增长与时间的函数关系为 $y=6.4558e^{0.1753x}$，1980—2016 年期刊论文数量增长与时间的函数关系为 $y=2309.7e^{0.1635x}$，1992—2016 年核心期刊论文数量增长与时间的函数关系为 $y=4273.8e^{0.1657x}$，1988—2016 年硕博士学位论文数量增长与时间的函数关系为 $y=0.8474e^{0.4468x}$，1929—2016 年学术图书数量增长与时间的函数关系为 $y=2.801e^{0.1255x}$。上述公式中，x 为时间，以年为单位；y 为第 x 年时的文献累积量，就是所统计的该年与该年之前的文献数量之和，即该年可以利用的文献总量。

如果将研究成果产出数量和宏观的时代背景结合起来分析，则总体上表现出各年代发展速度不均衡的特征，具体表现为研究成果的数量和时代特征密切相关。当国家的政治、社会、经济等处于较为动荡的时期时，评价研究成果的产出数量就少；而当国家的政治、社会、经济等的发展处于稳定发展时，评价研究成果的产出数量就多，并呈现出繁荣发展的态势。

4）近年来的评价研究成果数量已处于比较繁荣的阶段，但就这些评价研究的主题分布来说，绝大多数是针对某个学科领域或某个具体对象（如某人、某事、某物）开展的评价研究，如对某项目环境影响的评价、对某种新药疗效的评价、对某个上市公司经营业绩的评价、对某所大学科研竞争力的评价等，即对客体直接进行的评价。从本书统计的数据情况来看，此类研究占了绝大多数，属于元理论层次的研究成果数量非常少，笔者估计这个比例在 2%以下。但后一类研究直接关系到我国评价研究的理论发展水平，因此在今后一个阶段，加强元理论层次的研究是一项紧迫任务，也是加快我国评价科学发展的一种重要途径和发展策略，否则评价研究必将受到很大制约，甚至处于碎片化发展的危险之中。

5）就评价事业研究成果的学科领域分布来说，环境评价、资产评价、项目评价、教育评价、土地评价、矿产资源评价、药物评价、企业评价、安全评价、风险评价、绩效评价等是我国评价研究成果较多的几个学科领域，也是目前发展较为成熟的学科领域。

就发展态势和发展规律来说，笔者认为，最早得到发展的评价分支学科一般是某个具体学科领域的评价分支学科，如教育评价学、项目评价学、环境影响评价学等。近几年，研究成果开始明显增加的是按照评价属性归类的分支学科，如绩效评价学、风险评价学、竞争力评价学等。随着这些评价分支学科的不断发展，笔者预计，未来几年，主要研究评价领域的一般性、普遍性、共同性问题的一般评价学科，如评价学概论、评价科学学等，有可能会有显著发展。

6）就评价研究队伍的发展来说，整体规模呈现出越来越大的趋势，笔者预计，评价者以机构、团队合作的方式进行评价活动将会成为主流，依据为 20 世纪 90 年代以来评价研究论文的合著率呈不断增加趋势，2016 年达到 86.67%的高峰。论文的合作度和 5 人及以上的合著比例也在不断增加，2016 年时合作度已经达到了 3.85 人，5 人及以上的合著论文比例达到了 35.3%。但从目前情况看，无论是高产作者的数量还是专业化评价机构的数量，都还比较有限，因此，不断发展专业化评价机构应是今后的重要努力方向之一。

7）就评价客体的发展来说，整体呈现出分立化、多元化、复杂化、规模化、专业化的趋势，如近年来就出现了手机依赖现象评价、全球智库评价、信息化绩效评价、消费需求景气评价、财务报告质量评价、生态文明评价、微信公众平台传播效果评价、中国学术期刊国际影响力评价、卫生体系改革评价、文化产业竞争力评价、教育游戏评价、微博主影响力评价等研究主题。一方面，这种发展趋势体现的是一种历史的进步，表明国家和社会的创造能力越来越强，对评价的需求越来越广、要求越来越高，公众的价值观也越来越丰富多元，国家和社会的各项事业得到了蓬勃发展。当然，另一方面，也向我们提出了如何进一步发展评价事业的挑战。同时，也启发我们，评价事业要发展，就必须树立起与时俱进的思想，努力地适应和满足国家与社会发展对评价工作提出的新需求。

8）从评价方法的发展态势来看，使用定量化方法的倾向越来越明显。这些定量化方法主要包括 Meta 分析、熵值法、模糊综合评价法、随机对照试验、集对分析、主成分分析、数值模拟、聚类分析、频次分析等。显然，在社会生产力发展水平不断提高的今天，除了日常生活中的下意识评价和情感水平的评价外，其他需要评价的大都是复杂的、知识化的一种现象和存在，由此也决定了我们的评价工作必须是借助知识、概念、测量、计算和逻辑推理进行的评价，即理性层面的评价、依赖于科学方法的评价。因此，不断地丰富和完善评价方法仍是推动我国评价事业发展的永恒主题。

9）从评价课题的立项情况来看，课题立项数量整体上呈上升趋势。特别是2010年以来，其增长极为迅速，表明评价事业正越来越受到政府和学界的关注。国家社会科学基金课题主要分布在应用经济，管理学，教育学，图书馆、情报与文献学等学科，而国家自然科学基金课题则主要分布在宏观管理与政策、地理学、建筑环境与结构工程、管理科学与工程、影像医学与生物医学工程、机械工程、水利科学与海洋工程、电子学与信息系统等学科。从国家基金课题的研究主题看，整体呈不断扩展的态势，这在一定程度上反映了评价研究主题总是随着时代和社会的发展而发展的客观规律。

10）从我国评价政策文件的供给方面来看，评价政策文件数量呈现出随时间推移而增加的趋势，这在一定程度上说明评价事业在国家和社会发展中的地位和作用在不断提升。但从评价政策文件的效力看，目前进入法律等级的还只有《中华人民共和国环境影响评价法》《中华人民共和国资产评估法》等。颁布政策文件数量较多的权威部门主要有环境保护部、财政部、卫生部、教育部、农业部、国土资源部、国家国有资产管理局等部门，涉及领域则主要集中在环境影响评价、资产评估、安全评价、绩效评价、教育评估、职业病危害预评价、食品药品安全评价、绿色建筑评价、纳税评估等方面，总体特征是，越是和人民生活质量密切相关的部委，其颁布的评价政策文件一般也越多。

11）我国评价事业在取得快速发展的同时，还存在着一些问题和不足，需要引起重视和加以解决。一是基本理论研究还不足，表现为带有一般性、普遍性、基础性问题的理论研究成果还较少。二是评价研究队伍中专攻型作者的比例还较少，表现为不仅长期关注评价事业的高产作者少，而且有影响力的专业化评价机构也不多。三是发展比较成熟的评价分支学科还不多，目前除了资产评估学、项目评估学、教育评价学、环境影响评价学等发展得比较成熟外，其他学科大都处于正在发展或有待发展的阶段。四是评价研究的碎片化倾向还比较严重，各学科领域之间尚缺乏强有力共识性理论纽带的联系，评价学的真正理论内核发展得尚不充分，极需要一种富有成效的研究模式，即追寻事实以揭示思想，或者追寻思想以揭示事实，来推动评价科学及评价事业的发展。

12）为了进一步推进我国评价事业的发展，可以从以下几方面做出努力：一是要进一步加强评价事业的元理论研究；二是为了有效推进评价研究领域的学术对话和交流，鉴于评价学事实上已经成为一个由多门分支学科组成的学科群的事实，已有必要使用“评价科学”这个概念作为对上述各门分支学科的一种统称和一种“知识集合体”，并且也已有必要主动建构评价科学的结构体系，以引领评价科学和评价事业的发展；三是应该努力创办一本或几本主要定位于刊登评价领域普遍性、基础性理论研究论文的理论性学术期刊；四是要进一步推动比较成熟的评价分支学科进入国家高等教育招生专业目录；五是要进一步鼓励和扶持专业化评价机构的发展；六是可以大力借鉴管理科学、设计科学、决策科学等相邻、相近、相似学科的发展经验来发展评价科学；七是可以进一步加强和完善政策法规方面的供给。

10.2 本书研究的不足与展望

本书开展的我国评价事业发展研究是一个新兴的研究主题，研究这个问题既有重要的理论意义，又有重要的实践意义，因为它是我们做好评价工作和推动我国评价事业健康快速发展的基础和前提。为此，笔者力求能够实现框架清晰、数据充实、表述精确、有所创新的写作目标，但在整个研究过程中，碰到的困难也不少：一是虽然已经有越来越多的人开始关注评价理论研究的相关问题，但之前研究的视角和范围大都分属于各学科领域的，而且往往侧重于应用层面而不是理论层面，因此真正可以直接借鉴的研究成果并不多；二是本书所采集的数据涉及的种类多、时间跨度长、覆盖的学科领域广，因此数据量非常庞大。仅就期刊论文来说，检索下载的详细题录数据就有约 20 万条，而且这些数据又客观存在着收录的起始时间不一、关键词标引不规范等问题，在对这些数据进行分析时，要做到兼顾宏观和微观、整体和局部、历史和现实，阶段划分基本统一、论述篇幅基本一致等要求，有时非常困难；三是评价事业的发展研究本身较为复杂，要研究的内容也很多，而且需要从多种学科视角、采用多种方法进行研究，才可能获得较为完整的认识。另外，加上笔者自身在研究水平、研究能力和时间精力上的限制，这些因素都使得本书的研究还存在不足之处。

首先，本书着重回答了我国评价事业的发展问题，但尚没有开展国际比较方面的研究。显然，如果能了解国际上发达国家的评价事业的详细发展动态，就会帮助我们更好地理解我国评价事业的发展状况、发展趋势、发展特征和发展规律等问题。

其次，由于数据获取方面存在的困难和时间上的限制，本书也未能对我国评价事业的经费投入和效益产出等问题展开研究。

再次，本书未能对某些数据进行更为系统和详尽的研究。比如，虽然本书采集了我国评价领域近年来的核心期刊论文题录数据、学术图书题录数据和课题立项数据，但由于数据清洗、数据整理、数据标识、数据计算、数据呈现等各步骤的工作量都极为庞大，而数据库本身的质量也存在着一些不规范的地方，同时又为了能揭示出我国评价事业动态发展的趋势，在有些章节采用了“打桩法”的思路进行研究，从而在某些方面的研究还不够系统、详尽和深入。

最后，因为任何一种方法都只适用于某一类问题，产生某一类型的思想。如果选择了某一种方法，难免会对其他方法有所忽视，结论也可能会略有差异，这种不足也明显地体现在了本书研究中。例如，本书主要使用的是科学计量学方法，这就决定了本书的研究是一种着重于回答“现状和发展趋势怎么样”的研究，相对来说，对“为什么会这样”的研究就比较少。

对于后续研究，笔者认为可重点关注以下几方面。

一是进一步加强对国际比较的研究，即在国际范围内开展评价事业的发展研究，特别要研究发达国家评价事业的发展，并将之和我国评价事业的发展状况、发展趋势和发展规律等进行比较，以期从中得出更多、更富有建设性的启示。

二是进一步加强我国评价事业发展过程中的经费投入和效益产出方面的研究。

三是加强对某些学科领域或某类问题的细化计量研究。本书的主要研究目标是从整体性的视角对我国评价事业的各方面发展状况进行研究，因此对某些具体学科领域的评价就不能进行深入的研究。另外，就本书所采集的期刊论文数据、学位论文数据、学术图书数据和课题立项数据来说，一般都可以按照年度、学科、机构、作者、主题等进行分类，进而形成分类的数据库并进行计量研究。换句话说，如果要基于本书所采集的数据，从某一视角出发进行分类型的计量研究，那么还有很大的潜力可以挖掘。显然，这些缺口都值得在之后的研究中进一步关注。